科学出版社"十三五"普通高等教育本科规戈

动物生物学实验指导

陈艳珍　主编

科学出版社

北　京

内 容 简 介

本书系统介绍了动物学的基本实验技能、解剖技巧及动物的分类方法，同时注意培养学生对所学知识和实验技能的综合分析与运用能力、独立思考与工作能力，如蛔虫和环毛蚓的比较及其他线虫动物、环节动物实验；在突出基本实验技能训练的基础上，同时注重进行多种基本实验技能的综合训练，如蛙（或蟾蜍）的系列实验，是动物的形态结构、生理、行为等实验内容的综合。本书以在进化上具有重要地位的门类代表动物为实验材料，共设计了 20 个实验，分为基础性实验、自选性和设计性实验，同时还设有实验指南和附录。

本书可与"动物生物学"或"动物学"课程的教材配套使用，各高校生物科学、生物技术、生物工程、生物制药、动物生产、动物医学等专业本科生可根据具体情况选做书中实验，本书也可作为教师、科研人员或生产人员的参考用书。

图书在版编目（CIP）数据

动物生物学实验指导 / 陈艳珍主编. —北京：科学出版社，2020.3
科学出版社"十三五"普通高等教育本科规划教材
　ISBN 978-7-03-063154-1

Ⅰ. ①动⋯　Ⅱ. ①陈⋯　Ⅲ. ①动物学–实验–高等学校–教材
Ⅳ. ①Q95–33

中国版本图书馆 CIP 数据核字（2019）第257225号

责任编辑：王玉时　张静秋 / 责任校对：杨　赛
责任印制：张　伟 / 封面设计：铭轩堂

科 学 出 版 社 出版
北京东黄城根北街 16 号
邮政编码：100717
http://www.sciencep.com

北京建宏印刷有限公司 印刷
科学出版社发行　各地新华书店经销
*
2020 年 3 月第 一 版　开本：787×1092　1/16
2023 年 7 月第四次印刷　印张：11
字数：244 000

定价：**39.80 元**

（如有印装质量问题，我社负责调换）

《动物生物学实验指导》

编写委员会

主　编　陈艳珍

副主编　张秀珍　田佳　宋新华

编　委　（以姓氏笔画为序）

王彦美　邓洪宽　田　佳　陈　晶　陈艳珍

张秀芳　张秀珍　宋新华　赵　倩

前　言

　　动物生物学是高等院校生物类专业的重要专业基础课，更是一门实验性和实践性很强的学科，不仅需要通过实验去验证理论，还需要通过实验去发现和解决问题，这对培养学生良好的科学思维习惯、创新意识、科学实践能力，以及掌握本专业领域的科学实验研究方法及技能具有重要的作用。

　　本教材根据基础实验课和动物生物学实验课的特点，以培养学生的实验方法、实验技能为核心，以培养实验习惯与兴趣为切入点，从学生的实验技能培养、创新训练的角度对教材内容进行了规划和设计。内容分为实验指南、基础性实验、自选性和设计性实验、附录4部分。实验指南包括实验目的、学生须知、实验记录与实验报告的撰写、生物绘图用具与绘图要求、基本解剖知识等内容。基础性实验包括验证性实验和综合性实验：验证性实验突出动物学实验特点，系统地介绍了动物学的基本实验技能、解剖技巧及动物的分类方法，如"蛔虫和环毛蚓的形态结构比较及其他线虫动物、环节动物"；综合性实验将动物的形态结构、生理、行为等实验内容组合起来，进行多种基本实验技能的综合训练，如"涡虫的形态结构与生命活动及其他扁形动物"；同时还将部分验证性实验升级为综合性实验，如"鲤鱼（或鲫鱼）的运动、外形和内部解剖"实验中增加了鱼游泳行为观察的实验内容。自选性和设计性实验结合山东理工大学在动物研究方面的特点，设立了如"涡虫的再生及温度对再生影响的研究""涡虫摄食行为影响因素的研究"等实验内容，学生可根据自己的兴趣爱好选择实验项目，或自行设计实验项目并在教师的指导下完成实验。整合后的实验，在突出基本实验技能训练的基础上，以在进化上占有重要地位的门类代表动物为实验材料，形成了一个既与理论课有一定互补作用又相对独立的实验教学体系，力求在培养学生动手能力的同时，理论联系实际地培养学生独立思考、综合分析、科学思考的能力和创新意识，提高学生综合素质，以适应当今社会对人才的需要。附录内容包括染色液、试剂和浸制昆虫标本保存液的配制，常用生理溶液的配制，常用实验动物的主要生物学特征和生理数据，无脊椎动物的采集、培养与固定保存，动物标本的制作。

本教材实验九、实验十、实验十五至十七和附录由陈艳珍编写，实验三、实验四、实验二十由张秀珍编写，实验十一、实验十四、实验十八由田佳编写，实验十九由宋新华编写，实验五、实验七、实验八由王彦美编写，实验二、实验六、实验十二由陈晶编写，实验十三由赵倩编写，实验一、实验指南由陈艳珍、张秀芳、邓洪宽共同编写。全书由陈艳珍统稿。

本教材的编写和出版得到了山东理工大学生命科学学院、山东理工大学教务处、各编委所在单位，以及科学出版社的大力支持，在此表示诚挚的感谢！

限于时间和精力，书中疏漏之处在所难免，恳请各位同行专家和读者批评指正。

编　者

2019年10月

目　录

实 验 指 南

所有学生进入实验室之前都要先学习本指南，经测试合格后，方可进入实验室进行实验。

【实验目的】

动物生物学实验是与动物生物学理论课程同步开设的独立课程，是理论教学的深化和补充。

1）通过实验使学生逐步掌握动物生物学实验的基本技术和方法，培养学生的动手能力和获取新知识的能力。

2）通过对该课程的学习，使学生进一步深化对动物生物学理论知识的把握，培养学生的创新意识，实事求是、严肃认真的科学作风，良好的实验习惯及团队协作能力，提高学生独立分析和解决问题的能力，为后续课程的学习打下良好的基础。

【学生须知】

1）上课前做好预习，预习内容包括实验内容、实验材料与用品、操作流程和要点、注意事项和问题等内容，并且按规定时间到达实验室，因故不能按时做实验时要向教师请假，改期补做实验。

2）携带必要的书本和文具，穿着实验服，实验台上不得放置与实验无关的用品。

3）实验过程中要注意安全，避免被解剖器具划伤、实验动物抓伤或咬伤。

4）爱护公共财物，注意节约各种实验器材和用品，公用的试剂、仪器不得随意搬离原处。对于实验器具和动物标本，要轻拿轻放、规范使用，严格按实验流程操作和观察，同时，如实记录各种实验结果。

5）实验过程中拍摄的图片、视频，不得用于非学习交流目的的扩散和传播，不得虐杀实验动物，要尊重实验动物。

6）实验过程中要保持安静，如有问题，举手示意，不得进行与实验无关的活动。

7）保持实验室清洁卫生，实验完毕后，将实验仪器设备、实验用品清点数量后放回原来的位置，并保持实验台整洁、干净，将凳子放到实验台上，以便值日生打扫地面。

8）实验结束后，值日生彻底清扫实验室地面，把凳子放在实验台下面，检查水电、门窗是否关好，将动物尸体放入塑料袋内，集中妥善处理。

【实验记录与实验报告的撰写】

1）实验记录是对实验过程的客观反映，认真记录实验过程和实验数据是从事科学研究必须具备的基本素质。记录时应使用单独的实验记录本，按顺序做好实验记录，字迹要工整，尽量不要涂改，如必须修改则标明修改原因，记录时可用图片并辅以文字描述，或绘图说明。

2）实验报告要写明实验编号、实验日期、实验组别、学号、姓名，具体内容包括实验目的、实验原理、实验操作要点和回答实验指导中提出的问题，以及必要的记录等，实验指导中的问题是用来启发学生的思考和创新思维等能力，不可照抄实验指导的内容。个别实验报告需要绘图，应注意绘图方法和要求。

【生物绘图用具与绘图要求】

生物绘图是一种重要的科学记录方法，要对需要绘图的标本进行深入细致的观察，在理论上充分了解其形态结构特征，在此基础上正确、真实、简要地绘制，所绘图形要清晰、干净和美观。

1）用具：铅笔（HB 和 3H 绘图笔各一支）、橡皮、直尺、铅笔刀。

2）绘图前，需对要绘图的对象选择最具代表性的视野进行细心的观察，明确各部分及各部分之间的位置关系、比例、附属物等特征，并选择有代表性的典型部位起稿。

3）用软铅笔（HB）进行构图、勾画图的轮廓，即把观察对象的整体及主要部分轻轻描绘在实验报告纸或绘图纸上，要注意所绘的图形在实验报告纸或绘图纸上的布局要合理，比例要合适，不可过大或过小，同时要留出名称、图注等的位置。构图、勾画图的轮廓时落笔要轻，线条要简洁，尽可能做到少改不擦。绘好后，要进一步与所观察的实物进行比较对照，看是否有遗漏或错误的地方。

4）对绘制好的草图进行全面的检查和审定，修正或补充后便可用硬铅笔（3H）将草图清晰地描画出来。然后可用橡皮将草图轻轻擦去，并将图形中的各部分结构注明名称（即图注）。由标注部位向图形的右侧或两侧引出实线，但绝不可彼此交叉，每侧线条的终点均应终止在一条直线上，分别写明结构名称。在图的下方中央写上图的序号和标题。

【基本解剖知识】

（一）动物实验常用的解剖用具及使用

1. 手术刀

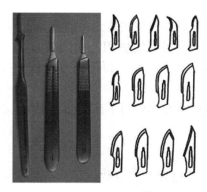

图 0-1　组合式手术刀
A. 刀柄；B. 刀片

手术刀主要用于切开较大动物的皮肤、脏器或分离组织。常用的手术刀有刀柄和刀片（刀柄和刀片的形状和大小有不同类型）分开的组合式（图 0-1），以及刀柄和刀片相连的连体式（也称为解剖刀，较钝，主要用于分离器官间系膜）两种。由于刀片非常锋利，在使用时必须注意自身安全。使用时不可用力过大，避免损伤要观察的组织和器官。不能用刀片切割骨骼等较硬的结构，防止造成人员伤害和刀片折断。

常用的执刀方法有 4 种（图 0-2），实验过程中应根据切口的大小、位置等的不同而选用不同的手术刀、刀片及执刀方法。

（1）执弓式　最常用的方法，动作范围广而灵活，用力涉及整个上肢，但主要为腕部用力，多用于切开较长的皮肤切口（图 0-2A）。

（2）执笔式　　用力轻柔而操作精确，动作和力量主要集中在手指，多用于切割短小切口及精细手术，如解剖血管、神经和做皮肤小切口等（图 0-2B）。

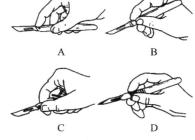

（3）握持式　　控刀稳，操作时主要的活动力点是肩关节，多用于切割范围较广、用力较大的切割部位，如截肢、切割肌腱等（图 0-2C）。

（4）反挑式　　为执笔式的一种转换形式，操作时，靠手指的力量，先刺入，刀刃由内向外挑开，以免损伤深部组织，如切开血管、气管等（图 0-2D）。

图 0-2　手术刀的执刀方法

刀片的安装与拆卸方法如下。

（1）安装　　左手持刀柄，有卡槽的一面朝上，右手持刀片背面上缘 1/3 处，从刀片卡口最宽处卡入刀柄卡槽头端，将刀片沿着刀柄卡槽向里推进，直至卡到底。

（2）拆卸　　手持刀柄，用食指顶起刀片下端凸起处，右手持刀片背部下缘 1/3 处，顺势向上抬起，刀片卡口脱离刀柄卡槽，刀片沿刀柄卡槽取出，放入利器盛放桶中，统一处理，不能随意丢弃，以免伤人。另外，刀片锋利，安装与拆卸时要注意安全。

2. 解剖剪

解剖剪有大、小 2 种，大的用于剪皮肤、神经、肌肉，分离组织等，不能用于剪骨组织，也称为组织剪（图 0-3A）；小的也称为眼科剪（图 0-3B），主要用于剪断薄膜、细小的结构，不能用于剪坚厚的组织。解剖剪常分为直头剪、弯头剪、尖头剪和钝头剪，直头剪可用来分离组织，即利用解剖剪的尖头插入组织间隙，分离无大血管的结缔组织。

正确的执剪方式一般是用拇指和无名指分别插入剪柄的两圆环中，中指置于圆环外侧即放在无名指的前外方柄上，食指扶在剪柄与剪交界的轴节处（图 0-4），这样操作既稳定又灵活。

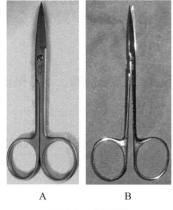

图 0-3　解剖剪
A. 组织剪；B. 眼科剪

图 0-4　执剪方式

图 0-5　粗剪刀

3. 粗剪刀

粗剪刀即前端较短的普通剪刀（家用剪刀）（图 0-5），多用于鱼和蛙类实验，主要用来剪断鱼的肋骨，蟾蜍的脊柱、耻骨联合、大腿骨、小腿骨、胸骨等粗硬结构。

4. 镊子

镊子有大、小，圆头、直头、弯头，有齿、无齿，以及眼科镊之分（图 0-6），用来夹持、牵拉、分离组织。有齿镊通常用于夹持较坚韧或较厚的组织，使其不易滑脱；无齿镊用于脏器、大血管、神经等重要组织附近的操作。夹起较小的组织或分离结缔组织时，要用眼科镊（用力要适度，否则容易使其变形）。执镊时用拇指对食指、中指夹持镊柄（图 0-7），不宜将镊子实握于掌心中。

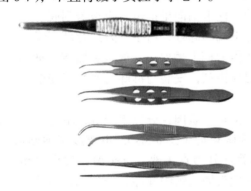

图 0-6　镊子

图 0-7　执镊的姿势

5. 骨钳

骨钳用于剪断或咬切骨组织，如打开颅腔、骨髓腔和胸腔等。

6. 毁髓针

毁髓针主要用于毁坏蛙类脑髓和脊髓，也可用于较小动物（如昆虫等）的组织分离，因此，也称为解剖针，又因可伸入管腔进行探索，也称为探针。毁髓针分为针柄和针部。持针姿势一般采用执笔式或执弓式。

7. 玻璃分针

玻璃分针专用于分离神经、肌肉和血管。其质地绝缘，尖端细圆，不易损伤神经和组织；有直头与弯头之分，使用时不可用力过大，以免折断尖端。

8. 蜡盘

蜡盘也称为解剖盘，用于存放动物，或解剖动物时插大头针或工字钉以便固定动物。用熔化的石蜡加蜂蜡注入金属盘，凝固后即成蜡盘。

（二）动物解剖的方位术语

为了正确描述动物身体各部分结构的位置及彼此之间的关联，一般常使用以下方位术语，以利于交流、学习。

1）口面指辐射对称动物有口的一面；口面相对的一面为反口面。

2）将两侧对称的动物按照运动时的姿势放置，朝向头的一端为头端或前端；朝向尾部的一端为尾端或后端，即远离头的一端，与前端相对；身体向地的一面为腹面或下面，相反的一面为背面或上面，身体的边缘为侧面；接近或沿着身体的正中线的部分为中部，观察者面对两侧对称动物的背，动物的左右与观察者一致，若腹面对着观察者则左右相反。

3）纵轴为从头端（或前端）到尾端（或后端）与地面水平的线；背腹轴为从腹面到背面的线，与纵轴相互垂直；横轴为从动物体一侧到另一侧的水平线，与纵轴和背腹轴相互垂直。

4）纵切面是从头端至尾端垂直地面的切面，将动物身体分为左右两部分，如该切面恰好通过动物身体正中线，可以将动物身体切分为左右相同的两部分。水平切面是与背腹轴成直角的切面，将动物的身体分为背部和腹部两个部分。横切面是与纵轴成直角，与背腹轴平行的切面，将动物身体分为前部和后部两个部分（图 0-8）。

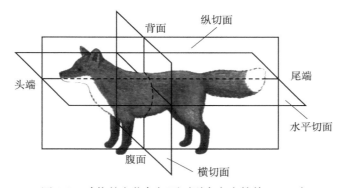

图 0-8　动物的方位与切面（引自白庆笙等，2017）

（三）动物解剖的一般原则

1）对要解剖的动物进行整体观察，辨别前、后端，背、腹面，以及身体的各部分分区，对各部分进行外形观察。

2）将动物放置在蜡盘上，小型无脊椎动物要用大头针固定在蜡盘上，沿着纵轴剪开体壁，用大头针以与蜡盘成 45° 固定两侧体壁，体壁两侧大头针交错排列，这样可以增加工作面，有利于继续解剖和观察，特别是方便使用放大镜进行观察。

3）解剖时必须保持标本湿润，小动物解剖固定后，应用洗瓶向蜡盘内滴加适量的自来水，防止标本干燥并使有些内部器官漂浮起来以便于观察。

4）解剖时沿着器官结构的走向和层次分布，由表面向内部开始观察、解剖。在解剖过程中尽量少用剪刀和手术刀，多用探针拨开、划开等方法分离。用剪刀剪开体壁时，剪刀尖端应尽量上挑，以防伤及内脏器官。

（四）观察要点

1）动物的身体外形、大小、对称性和体色，雌雄同体还是雌雄异体，雌雄异形还是雌雄同形。

　　2）身体分节情况，体节数量，各节的功能；是否有附肢，附肢的数量、特征及分布。

　　3）栖息地情况（陆栖还是水栖，海水还是淡水）、生活方式（寄生还是自由生活）。

　　4）各器官系统的进化和组织分化情况，并注意进行纵向比较，例如，胚层（2个胚层、3个胚层）、体腔（无体腔、假体腔、真体腔）、身体分节（同律分节、异律分节）、各器官系统的比较等。

　　5）通过观察，理解动物身体的结构与功能，以及与生活环境相适应的关系。

第一部分　基础性实验

实验一　显微镜的构造与使用、动物组织的制片与观察

　　显微镜的出现，使人类对生物体结构的研究从宏观发展到微观。作为生命科学研究的重要工具之一，显微镜也在不断发展。光学显微镜从最初单筒式、外光源的简单构造发展成具有双目镜、内光源的标准实验室显微镜。了解显微镜的构造和熟练使用显微镜，是从事生命科学研究者应具备的最基本的技能之一。

　　由来源、形态和机能相似或相关的细胞和细胞间质彼此以一定的形式连接，形成一定结构，并担负一定功能，就称为组织（tissue）。根据起源、形态结构和机能上的共同特性，动物组织一般分为上皮组织、肌肉组织、结缔组织和神经组织4种基本类型。4类组织按照一定的空间位置和机能关系有机地结合在一起构成动物的器官。观察组织的形态结构，需采用一定的方法将组织制备成玻片标本，在显微镜下观察。

【实验目的】

　　1）了解普通光学显微镜的基本构造，能够规范和较熟练地使用与维护。

　　2）掌握动物组织涂片、铺片和分离装片的一般制作方法。

　　3）掌握动物4类基本组织的结构特点及其结构与机能的密切关系。

【实验内容】

　　1）了解光学显微镜的构造、使用与维护方法。

　　2）制备和观察猪脊髓灰质涂片、蛙（或蟾蜍）的血涂片、蛙（或蟾蜍）皮下疏松结缔组织铺片、蛙（或蟾蜍）骨骼肌的铺片、蛙（或蟾蜍）坐骨神经简易分离装片。

　　3）动物4类组织玻片标本观察、示范。

【实验材料与用品】

（一）材料

　　猪脊髓，活蛙或活蟾蜍，动物各组织的玻片标本。

（二）用品

　　普通光学显微镜，擦镜纸，纱布，蜡盘，解剖器具，载玻片，盖玻片，染色缸，玻片架，小镊子。

（三）试剂

香柏油，二甲苯，0.65% 生理盐水，任氏液，PBS 缓冲液，0.1% 亚甲蓝溶液，1% 醋酸溶液，甲醇，瑞特染液，吉姆萨染液，蒸馏水。

【操作与观察】

（一）普通光学显微镜的构造与使用

1. 构造

普通光学显微镜是由机械系统、光学系统及光源系统 3 部分组成（图 1-1）。

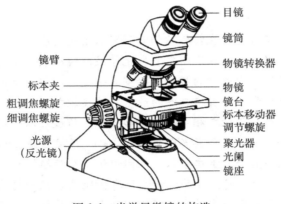

图 1-1　光学显微镜的构造

（1）机械系统　　主要对光学系统和光源系统起支持和调节作用，包括以下几个部分。

1）镜座与镜柱：镜座是显微镜底部的承重部分，可降低显微镜重心，使其不易倾倒。其后方有一直立的短柱为镜柱，起支撑镜台的作用。

2）镜臂、镜筒与物镜转换器：镜臂是镜柱以上的一个斜柄，便于手把握。镜臂的顶端安装有镜筒和物镜转换器。镜筒是镜臂前端的两个圆筒，其内安装目镜镜头。由物镜到目镜的光线便由此通过。调节左右镜筒之间的水平距离，以适应观察者两眼的眼间距，可使左右目镜的视野完全重合。物镜转换器为镜臂顶端下方可旋转的圆盘，其上可装置数个物镜镜头，转动转换器可换用不同倍数的物镜。

3）镜台与标本移动器：镜台也称载物台，是放置玻片标本的平台，中央有一圆孔为镜台孔，来自下方的光线可由此进入物镜。镜台上装有标本移动器（或称推进尺），标本移动器上的压片夹用以固定载玻片，镜台右下方有标本移动器调节螺旋，转动螺旋可前后、左右移动玻片标本。标本移动器上还带有标尺，可利用标尺上的刻度寻找和记录所观察标本的位置。

4）调焦螺旋：位于镜柱的左右两侧，有粗、细两个调焦螺旋，能使镜台升降，以调节物镜与所观察标本之间的距离，获得清晰的图像。粗、细调焦螺旋组合在一起，外周直径大的螺旋为粗调焦螺旋，其升降距离较大，主要用于寻找目的物；中央直径较小的是细调焦螺旋，其升降距离较小，能精准对焦，获得更清晰的物像。

（2）光学系统　　即成像系统，由目镜和物镜构成。

1）目镜：安装在镜筒上端，为一对圆筒状结构，每个圆筒上端装有一块较小的透镜、下端内侧装有一块较大的透镜，其作用是将物镜放大了的物像进行再放大。每台显微镜常备有几个倍数不同的目镜，每个目镜上分别标有 5×、10×、12.5× 等放大倍数。

2）物镜：由数组透镜组成，可放大物体。透镜的直径越小，放大的倍数越高。每台显微镜均备有几个倍数不同的物镜，放大倍数 40× 以下的为低倍镜，一般有 40× 和 10× 两种；放大倍数 40× 以上的为高倍镜；放大倍数 100× 以上的为油镜。物镜是显微镜获得物像的主要部件，其作用为聚集来自光源的光线和利用入射光对被观察的物体做第一次放大。

（3）光源系统　　由内光源、聚光器和虹彩光圈构成。

1）内光源：在镜台孔正下方的镜座上有一个内置式电光源，镜座右侧有电源开关，左侧或右侧有光量调节器，用以调节光线的强弱。

2）聚光器：在镜台孔下方，由 2 或 3 块凸透镜组成，作用是聚集来自下方的光线，集合成光束，通过镜台孔射到标本上，并使整个物镜的视野均匀受光，以提高物镜的分辨力。

3）虹彩光圈：也称可变光阑，位于聚光器下面，由许多金属片组成。推动操纵虹彩光圈的调节杆，可调节光圈的大小，使上行的光线强弱适宜，便于观察。

2. 使用

（1）安放显微镜和检查　　打开镜箱，右手紧握镜臂，左手平托镜座，轻放桌面距离桌边缘几厘米处，使目镜对着观察者。检查显微镜各部件是否完好，用纱布擦拭镜身、擦镜纸擦拭镜头后方可开始使用。

（2）调光　　旋转物镜转换器，使 4× 物镜对准镜台孔，镜头离载物台约 1cm。打开电源开关，升高聚光器，打开光圈，调节光量，使视野内的亮度适宜。在观察的过程中，根据所需，可随时通过调节光亮调节器旋钮改变光线的强弱，扩大或缩小光圈、升降聚光器调节亮度和反差。

（3）安放标本与调焦　　光线调好后，将玻片标本放在镜台上压片夹内，有盖玻片的一面朝上，可用标本移动器调节螺旋进行前后、左右调节，将被检物移至镜台孔下的聚光器透镜中央，然后调焦。转动粗调焦螺旋调节镜台与物镜间的距离，从侧面注视，以二者距离 5mm 为宜。然后自目镜观察，慢慢转动粗调焦螺旋，同时移动标本移动器，直到基本看清标本物像。

（4）低倍镜观察　　用粗调焦螺旋调焦后，再轻轻转动细调焦螺旋，以便得到清晰的物像。如果观察的目标不在视野中央，可调节标本移动器，使之恰好位于视野中央。若光线不适，可拨动虹彩光圈的操纵杆，调节光线至适宜。

（5）高倍镜观察　　在低倍镜下将要仔细观察的标本部分移至视野中央，再转动物镜转换器，将高倍物镜转至工作位置。适当调节亮度后，微微转动细调焦螺旋，就可看到更清晰的物像。切忌使用粗调焦螺旋，以免损坏物镜。由于显微镜下观察的被检物有一定厚度，故在观察过程中必须随时转动细调焦螺旋，以了解被检物不同光学平面的情况。

在低倍镜下，将玻片中的被检物按从上到下、从左到右的顺序移动、观察一遍，再由低倍镜转换高倍镜反复观察几次，以熟悉高倍镜的使用。（＊转换物镜时，一定要旋转物镜转换器转换，切忌直接扳动物镜镜头。）

用高倍镜观察后，若有必要，可再换用油镜观察。

（6）油镜观察　　转动粗调焦螺旋，使物镜与镜台保持一定距离。滴一滴香柏油于玻片标本的盖玻片上，将镜头转至工作位置，眼睛从侧面注视，转动粗调焦螺旋，直至镜头浸没于香柏油内，几乎与载玻片相接触，但不能相碰。然后从目镜中观察，用粗调焦螺旋极其缓慢地向上调节至出现物像为止，再用细调焦螺旋调至物像清晰，此时需要适当增加光亮度。如果镜头已提升出香柏油还没有看到物像时，应按上述过程重复操作。使用完毕，将镜头从香柏油中脱离，取下玻片，用擦镜纸擦去镜头和玻片上的香柏油，再用擦镜纸蘸少许二甲苯擦拭镜头上的油迹，然后用干净的擦镜纸擦去镜头上残留的二甲苯。二甲苯用量不宜过多，擦拭时间应短。（＊不要用手或其他纸擦拭镜头，以免损坏透镜。）

（7）复原　　显微镜使用完毕，下降载物台至原位，取下玻片，将物镜镜头转离载物台孔。关闭光圈，下降聚光器至原位，将光量调至最低，关闭电源。用擦镜纸擦净镜头，用纱布擦净镜身各处，装入箱内。（＊注意物镜镜头不可正对镜台孔，装镜入箱。）

（二）动物组织制片与观察

具体实验内容可根据教学大纲学时安排情况和实验室条件自行选择。

1. 猪脊髓灰质前角组织涂片的制备与观察

（1）猪脊髓灰质前角组织涂片的制备

1）取一段猪脊髓，肉眼观察脊髓横切面，中央为蝴蝶状的灰质，其中心有一孔为中央管，灰质较狭的一端为后角（也称为背角），较宽的为前角（也称为腹角）；包围在灰质周围颜色较淡的部分是白质。

2）将猪脊髓沿着中央管剪开，用镊子取适量的灰质，放在事先准备好的载玻片的中央（或直接用准备好的载玻片蘸取前角灰质），用解剖针或牙签将灰质均匀涂在载玻片上。

3）待涂有灰质的玻片晾干，将灰质涂片放在玻片架上，滴加瑞特染液（附录一）数滴，以盖满涂膜为宜，染色5～10min后加PBS缓冲液，10min后在染色玻片的一端用盛有自来水的洗瓶细流缓缓冲去染液，斜立灰质涂片于空气中，晾干后置显微镜下观察。

（2）猪脊髓灰质涂片的观察　　在低倍镜下选择分布均匀的多突起细胞，即脊髓腹角运动神经元，运动神经元为多极神经元。神经元胞体上的突起包括树突和轴突，但不易区分，一般可根据轴突基部的轴丘处染色较浅（无尼氏体）来识别轴突。选择一个胞体较大、突起较多、细胞核较清晰的神经元移至视野中央。转高倍镜观察，可见其核大，呈囊泡状，位于细胞近中央，核内有染色较深的核仁。

2. 血液涂片的制备与观察

（1）蛙（或蟾蜍）血涂片标本的制备

1）用毁髓针捣毁蛙（或蟾蜍）的脑和脊髓，剪开心包膜，暴露心。用注射器吸取蛙（或蟾蜍）心的血液，滴一滴在洁净载玻片右端，注意血滴不宜过大。这一步骤可由教师进行。

2）另取一块边缘光滑的载玻片作为推片，斜置于第一块载玻片上血滴的左缘，约成 40°，将推片稍向右移，接触血滴，使血液散布在两玻片之间的夹角内。将推片以约 40° 迅速向左方匀速推进，在玻片上留下薄而均匀的血膜。

3）摇动涂有血膜的玻片，使之尽快干燥，避免细胞皱缩。晾干后的血液涂片放入盛有甲醇的染色缸内，固定 3～5min。将固定后的血液涂片平放在玻片架上，滴加数滴吉姆萨染液（附录一），以盖满血膜为宜，染色 15～30min。然后在染色玻片的一端用盛有自来水的洗瓶细流缓缓冲去染液，斜立血液涂片于空气中，晾干后置显微镜下观察。

（2）蛙（或蟾蜍）血涂片的观察　　在低倍镜下选择分布均匀的血细胞，换高倍镜观察。蛙（或蟾蜍）的红细胞呈椭圆形，中央有一椭圆形细胞核，呈蓝色，细胞质呈红色。此外还可见到白细胞和血栓细胞（呈纺锤形或长梭形，具核，数量少，功能类似于哺乳动物的血小板）。

3. 皮下疏松结缔组织铺片制备与观察

1）将上面取血后的蛙（或蟾蜍），剪开腹部皮肤，在皮下取一些丝状物（疏松结缔组织）放载玻片上，用解剖针和镊子展开、展薄，待稍干后滴加一滴亚甲蓝溶液，盖上盖玻片，用吸水纸吸去多余水分。

2）在显微镜下观察，可见呈深蓝色的细纤维为弹性纤维，呈浅蓝色的粗纤维为胶原纤维，呈深蓝色的小点为细胞核。

4. 骨骼肌的铺片制备与观察

取上述蛙（或蟾蜍）后肢上的一小束肌肉，置于载玻片上，滴加一滴 0.65% NaCl 溶液，用玻璃分针将肌肉分离开，加盖玻片，用低倍镜观察，可见粗而圆的纤维状肌细胞。把视野调暗，可见细胞内的横纹。然后从载物台上取下载玻片，在盖玻片一侧滴加一滴 1% 醋酸溶液，在另一侧用吸水纸吸引，2～3min 后，镜检可见位于肌细胞周边的椭圆形细胞核。

5. 坐骨神经简易分离装片制备与观察

取一小段新鲜的蛙（或蟾蜍）的坐骨神经，置于载玻片上，滴少许任氏液，用玻璃分针分离（沿着神经纤维长轴方向），加盖载玻片即可观察。将光线调暗，在低倍镜下找到分散的神经纤维，换高倍镜观察分离较好的单根神经纤维的结构。轴突为神经纤维中央较暗的部分；髓鞘为包绕着轴突外方的一薄层黄绿色发亮的结构，尚可见到斜行的髓鞘切迹；神经膜为位于髓鞘外方的一条较细暗线。在神经纤维的一定距离上，可见髓鞘和神经膜中断，此狭窄处即为郎飞结。

6. 活动纤毛观察

剪取上述蛙（或蟾蜍）的舌、腭、咽部黏膜放在载玻片上。低倍镜下进行观察，注意观察边缘或近边缘较薄的部位，找到摆动的纤毛换高倍镜观察。高倍镜下观察，可见上皮游离面的纤毛呈麦浪状摆动。

（三）4 种动物组织观察

根据教学大纲学时安排情况安排学生自行观察，或示范观察内容。

1. 上皮组织

上皮组织的结构特点如下：①细胞成分多、规则、排列紧密，相邻细胞间有各种连接结构，间质少；②有极性，分游离面和基底面；③无血管和淋巴管；④营养物质通过深层结缔组织的血管供给；⑤富有神经末梢。

上皮组织可分为被覆上皮、腺上皮和感觉上皮，在此只介绍和观察被覆上皮。

被覆上皮分为单层被覆上皮和复层被覆上皮。单层被覆上皮又分为单层扁平上皮（内皮、间皮和其他）、单层立方上皮、单层柱状上皮和假复层纤毛柱状上皮。复层被覆上皮分为复层扁平上皮（角质化和未角质化）和变移上皮。

（1）单层扁平上皮　　观察肠系膜铺片。

低倍镜观察，选择标本最薄的部分观察，可见黄色或淡黄色的背景上显现出黑棕色或黑色的波形线，这是细胞之间的边界。

高倍镜观察，可以看到细胞为多边形，细胞边缘呈锯齿状，相邻细胞彼此相嵌。细胞核扁圆形，无色或淡黄，位于细胞中央。

（2）单层立方上皮　　观察甲状腺切片。

低倍镜观察，可看到许多大小不等、圆形或椭圆形的红色甲状腺滤泡。

高倍镜观察，滤泡壁由一层立方体形上皮细胞构成，核圆形、蓝紫色，位于细胞中央，细胞质粉红色。

（3）单层柱状上皮　　观察小肠横切片。

低倍镜观察，可见黏膜表面形成许多指状突起，突向管腔，突起表面覆有一层柱状上皮。

高倍镜观察，可见上皮细胞为柱状，核椭圆形或长椭圆形、蓝紫色，位于近细胞的基底部。降低光量，可见细胞的游离面有一层较亮的粉红色膜状结构，称为纹状缘。在柱状细胞之间有散在的杯状细胞，此细胞上端膨大、下端细小，核呈三角形或半圆形，位于细胞基底部。在杯状细胞上端的细胞质内积有大量不着色的黏液，在切片上呈卵形空泡状结构，细胞尖端无纹状缘。

（4）假复层纤毛柱状上皮　　观察气管横切片。

低倍镜观察，管壁朝向气管腔的黏膜表面着色较深的一层即为假复层纤毛柱状上皮。

高倍镜观察，可见气管内表面的细胞排列紧密，彼此挤压，细胞形状很不规则。细胞一端都与基膜相连，但另一端，有的细胞达上皮游离面，有的未达游离面，细胞核位置高低不等，以致整个上皮似复层细胞组织。注意观察锥形细胞、梭形细胞、具纤毛的柱状细胞及杯状细胞的排列位置。

（5）复层扁平上皮　　以食管为例，其横切面呈扁圆形，管壁靠管腔的部分为复层扁平上皮。与基膜相连的是一层排列整齐的短柱状细胞，细胞核圆形。中层为几层多角形细胞，排列不整齐，核呈扁平形。接近表面的细胞变为扁平状，界限不清楚，核着色淡（长梭形）或模糊不清。

（6）变移上皮　　观察膀胱（收缩时和充盈时）切片。

低倍镜观察，膀胱壁朝向膀胱腔的黏膜层表面的上皮即为变移上皮，由多层上皮细胞构成。膀胱收缩（排空）和充盈时，该上皮的厚度不同。

高倍镜观察，可见收缩状态的膀胱上皮有多层细胞，表层细胞较大，呈宽立方体形，游离面呈弧形，靠近游离面的细胞质着色深，核大，卵圆形，有的细胞可看到双核。中间几层为多角形或倒梨形细胞。基部细胞小，呈矮柱状，排列较密。膀胱充盈时，上皮变薄，细胞层次减少，有时只有两层，细胞呈扁平或梭形。

2. 肌肉组织

（1）心肌　　观察心肌纵切片。

先低倍镜下观察，然后换高倍镜观察，在纵切面上，心肌纤维彼此以分支相连，核呈卵圆形，位于心肌纤维中央。把虹彩光圈缩小，光线调暗一些，可看到心肌纤维的横纹，但不及骨骼肌的明显。在心肌纤维及其分支上，可以看到染色较深的梯形横线，即闰盘。在横切面上，由于切片的关系，心肌纤维有的有核，有的无核。

（2）平滑肌　　观察平滑肌分离玻片、小肠横切片。

先低倍镜后高倍镜观察平滑肌分离玻片，可见分离的平滑肌纤维呈长梭形，核呈长椭圆形，位于细胞中部，在常规染色标本上肌原纤维看不清楚。

先低倍镜后高倍镜观察小肠横切片，可见小肠壁平滑肌横切面呈大小不等、不规则的红色圆点，有的中央有染成蓝紫色圆形的核，有的见不到核。

（3）骨骼肌　　观察骨骼肌纵切片、横切片。

观察骨骼肌纵切片。先用低倍镜观察，可见骨骼肌为长条形肌纤维，在肌纤维间有染色较淡的结缔组织。高倍镜下，单个骨骼肌纤维呈长圆柱形，其表面有肌膜，肌膜内侧有许多染成蓝紫色的卵圆形细胞核。缩小光圈，使视野不致过亮，可见到每条肌纤维内有很多纵行的细丝状肌原纤维。肌原纤维上有明暗相间的横纹，即明带（I 带）和暗带（A 带）。

观察骨骼肌横切片。先低倍镜后高倍镜观察，可见肌纤维呈多边形或不规则圆形，外有肌膜，细胞核卵圆形，紧贴肌膜内侧。肌原纤维呈小红点状，在肌浆内排列不均匀，所以在横切面上呈现小区。

3. 神经组织

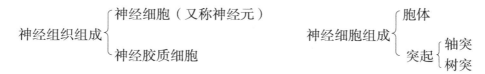

（1）多极神经元　　肉眼观察脊髓横切片，脊髓横切片中央为蝴蝶状的灰质，其中心有一孔为中央管，灰质较狭的一端为背角，较宽的为腹角。包围在灰质周围染色较淡的部分是白质。

将玻片置显微镜下，低倍镜观察，将脊髓灰质腹角移至视野中央，观察神经元。具体观察方法见上文"猪脊髓灰质涂片的观察"。

（2）运动终板　　观察肋间肌撕片装片。

低倍镜观察，可见骨骼肌平行排列成束，有的呈蓝紫色，有的呈紫红色。传出神经纤维染成黑色，形似树枝，分布在骨骼肌纤维上，当它们接近肌纤维时，其末端再分支成爪形小球，附着于肌纤维表面。

高倍镜观察，神经纤维终末的爪状分支端膨大，在与肌纤维附着处形成椭圆形板状隆起，即为运动终板。

4. 结缔组织

结缔组织的特点如下：①细胞少而分散，位置不固定，不形成完整的细胞层；②细胞间质多，包括基质与纤维（胶原纤维、弹性纤维、网状纤维）；③有丰富的血管和神经。

结缔组织可分为纤维性结缔组织（固有结缔组织）、支持性结缔组织（固体）和营养性结缔组织（液体）。

（1）纤维性结缔组织　　纤维性结缔组织分为疏松结缔组织、致密结缔组织、脂肪组织和网状组织。

1）疏松结缔组织（图 1-2）：观察皮下疏松结缔组织铺片。

低倍镜下，观察到交织成网的纤维和分布纤维之间的各种细胞。

转高倍镜观察，胶原纤维为粉红色，粗细不等的细带状，相互交叉排列，数量较多，有时呈波浪状。弹性纤维为深紫褐色，较胶原纤维细，具分支，并交织成网，末端常呈卷曲状。成纤维细胞数量最多，胞体大，呈多突扁平形；核较大，多为椭圆形。巨噬细胞形状不一，与成纤维细胞的区别在于细胞质中含有吞噬的台盼蓝颗粒；细胞轮廓较明显，核较小，圆形或卵圆形。肥大细胞常成群分布在毛细血管附近；胞体较大，圆形或卵圆形；细胞质中充满大小一致、染成蓝紫色的颗粒；核小，圆形或椭圆形，位于细胞中央。浆细胞数量少，很难在铺片上见到。

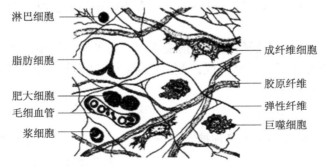

图 1-2　疏松结缔组织模式图（引自黄诗笺，2006）

2）致密结缔组织：观察尾腱纵切片。

先低倍镜后高倍镜观察。胶原纤维束粗而直，彼此平行排列。腱细胞在纤维束间排列成单行，切面上呈长梭形，核椭圆形或杆状，蓝紫色，两个邻近细胞的细胞核常常靠近。细胞质不易显示。

3）脂肪组织：观察气管横切片。

低倍镜观察，在气管最外面一层的疏松结缔组织中可看到密集成群的圆形或多角形的空泡状脂肪细胞（胞质内的脂肪滴在制片过程中被乙醇及二甲苯溶解）。在成群脂肪细胞之间有疏松结缔组织分隔。

高倍镜观察，可见核为扁圆形或半月形，偏于细胞的一侧。

4）网状组织：观察淋巴结纵切片。

高倍镜观察，网状纤维呈黑色，粗细不等，分支交织成网，网状细胞为星状有突起的细胞，相邻细胞以突起相连成网状。

（2）支持性结缔组织　支持性结缔组织包括软骨组织和骨组织。

1）软骨组织：软骨组织由软骨细胞、软骨基质和纤维组成，具有较强的支持和保护作用。根据基质中纤维的性质和含量的不同分为透明软骨、弹性软骨和纤维软骨。

下面以透明软骨为例进行示范与观察。观察气管横切片。

哺乳动物气管壁有呈"C"形透明软骨支持。低倍镜下，透明软骨表面有一层致密结缔组织的软骨膜。近软骨膜的软骨细胞较小而密，梭形，单个分布，平行于软骨膜排列。软骨中心部分的软骨细胞较大，呈椭圆形或圆形，常2～4个成群分布。由软骨边缘至软骨中心，有质地均匀的基质。

在高倍镜下，软骨细胞存在的地方称陷窝，其周围的基质着色较深，称软骨囊。

2）骨组织：观察长骨横截面磨片。

低倍镜下，可见许多骨板排列成圆形或椭圆形的同心环状结构，即为哈弗斯系统（骨单位），其中央的一个黑色较大的圆孔即为哈弗斯管（中央管）（图1-3），在哈弗斯管周围有许多呈同心圆排列的骨板（同心板或哈弗斯骨板）。各哈弗斯系统之间，还存在着一些不呈同心环排列的骨板的间骨板。此外还可看到内、外环骨板，以及穿行于内、外环骨板或连接哈弗斯管的福尔克曼管。

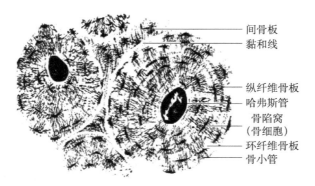

图1-3　哈弗斯系统横断面模式图（引自黄诗笺，2006）

呈同心圆排列的骨板间有许多梭形、呈黑色的小腔隙，即骨陷窝，其内的骨细胞已不存在，骨陷窝向四周发出的许多细小放射状有分支的黑线，即骨小管，相邻骨陷窝之间的骨小管彼此相通连，靠近哈弗斯管的骨小管则和哈弗斯管相通连。

（3）营养性结缔组织　　营养性结缔组织包括血液和淋巴液。在此以血液为例进行示范与观察。

1）人血涂片标本的观察（图1-4）。低倍镜下选择血细胞均匀分布的部位，然后换高倍镜进行观察。

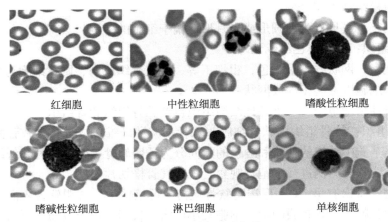

| 红细胞 | 中性粒细胞 | 嗜酸性粒细胞 |
| 嗜碱性粒细胞 | 淋巴细胞 | 单核细胞 |

图1-4　人的各种血细胞

A. 红细胞的数量最多，小而圆，无细胞核，细胞质呈红色，其中央部分着色较周围淡。

B. 白细胞数量少，但胞体大，细胞核明显，极易与红细胞区别开。慢慢移动标本，观察各种白细胞。

C. 中性粒细胞数量较多，占白细胞总数的50%～70%。胞质淡红色，并充满细小、分布均匀的淡紫红色颗粒。核紫色，通常分为2～5叶，叶间有细丝相连。如核呈杆状，则为中性粒细胞的幼稚型。

D. 嗜酸性粒细胞数量较少，占白细胞总数的7%以下。较中性粒细胞略大，胞质中充满橘红色、大小一致的粗大、圆形颗粒。核紫色，通常分为2叶。

E. 嗜碱性粒细胞数量极少，占白细胞总数的1%以下，在一般血涂片上不易找到。细胞体积比上述2种白细胞稍小，胞质中分散着许多大小不等的深蓝紫色颗粒。核形状不定，圆形或分叶，也染成紫色，但染色略浅，一般都被颗粒遮盖，形状不清。

F. 淋巴细胞数量较多，占白细胞总数的20%～40%，可见中、小型淋巴细胞。小淋巴细胞一般略大于红细胞，核球形，占细胞体积的大部分，染成深蓝紫色；胞质极少，只有一薄层，围在核的周围，染成淡蓝色。中淋巴细胞比红细胞大，胞质较小淋巴细胞稍多，着色较浅；核圆形或卵圆形，位于细胞中部，也染成深蓝紫色。

G. 单核细胞数量少，占白细胞总数的2%～8%，是血液有形成分中最大的细胞。胞质淡灰蓝色，核多呈肾形或马蹄形，常在细胞的一侧，着色比淋巴细胞核浅。

H. 血小板为形状不规则的细胞小体，其周围部分为浅蓝色，中央有细小的紫色颗粒，常聚集成群，分布于红细胞之间。高倍镜下一般只能看到成堆的紫色颗粒，在油镜下，才能看到颗粒周围的浅蓝色胞质部分。

2）兔、大白鼠、鱼和鸡血涂片观察。

A. 兔的中性粒细胞的胞质颗粒被曙红染成红色。

B. 大白鼠的嗜酸性粒细胞核呈环状。

C. 鱼的红细胞呈扁的卵圆形，具核。白细胞的数量比红细胞少得多。血栓细胞无色，约为红细胞核的大小，具核，周围有少量细胞质，数量少于红细胞但多于白细胞，与血液凝固有关。

D. 鸡的红细胞椭圆形，具核。凝血细胞椭圆形，具核，核位居中央，较红细胞小，胞质淡蓝色。中性粒细胞的颗粒呈梭形，染色较红。

【作业与思考】

1）绘 3 种肌肉组织，注明图中各部分名称并列表比较它们的结构。

2）试述制作血液涂片的要点。

3）总结使用显微镜的步骤及应特别注意的几个问题。

实验二　草履虫的形态结构与生命活动及其他原生动物

　　原生动物是最原始、最简单、最低等的单细胞动物。从形态上看，原生动物是单一的真核细胞，具有一般细胞的基本结构。然而从生理机能来看，原生动物又是很复杂的，它具有一般动物所表现出来的维持生命和繁衍后代所必需的一切功能，如运动、摄食、消化、呼吸、排泄、感应及生殖等。

　　草履虫（*Paramecium caudatum*）是原生动物门纤毛纲的代表动物，也称尾草履虫或大草履虫，是已知多种草履虫中个体最大、分布最广的种类。其形态结构和生命活动可充分地展现原生动物的主要特征，并且由于其分布广泛、取材方便、繁殖快、易于人工大量培养、结构典型、便于观察处理等优点，草履虫已成为动物学教学和科研中理想的实验材料，并且在环境监测和水质净化等研究领域得到了广泛应用。

【实验目的】

1）学习在显微镜下对运动中的微型动物进行观察和实验的方法。

2）通过对草履虫的观察实验，了解原生动物的基本形态及生理特征，认识和理解原生动物的单个细胞是一个完整的、能独立生活的动物有机体。

3）观察和识别常见的原生动物，了解原生动物的多样性和适应性特征。

【实验内容】

1）草履虫活体观察和实验。

2）草履虫生殖装片和整体装片的观察。

3）几种常见原生动物的观察。

【实验材料与用品】

（一）材料

草履虫培养液，草履虫装片，草履虫分裂生殖装片，草履虫接合生殖装片，常见原生动物装片标本。

（二）用品

显微镜，载玻片，盖玻片，吸管，牙签，吸水纸，脱脂棉，试剂瓶，蒸发皿，纱布，毛细滴管，镊子，pH 试纸（pH 范围为 0.5～5.0、3.8～5.4、5.4～7.0、6.4～8.0）。

（三）试剂

洋红粉，稻草培养液，1% 醋酸溶液，5% 亚甲蓝溶液或稀释 20 倍的蓝黑墨水，1% 卡宝品红染液，蒸馏水。

【操作与观察】

（一）草履虫的形态结构观察

1. 草履虫临时装片的制备

由于草履虫个体较小，要观察其外形和内部结构，需要先制作临时装片。草履虫运动速度较快，不易观察，可在载玻片上加少许脱脂棉纤维形成网格样空隙以限制草履虫快速游动，棉纤维量要适当——既能限制草履虫的快速运动，又不能过多以致影响观察。滴上一或两滴草履虫培养液，盖好盖玻片，在低倍镜下观察。如果草履虫仍然游动很快，可用吸水纸自盖玻片一侧吸去一些水分，直至容易观察为止，但注意不要将水吸干。

2. 草履虫的外部形态

在低倍镜下可见草履虫体形近似于一只倒置的鞋底，前端钝圆，后端稍尖。体表密布细小的纤毛，身体末端的纤毛稍长。从虫体前端侧面开始，有一道沟斜着伸向身体中部，沟后端有口，故称为口沟。口沟处的纤毛较长且坚韧。

3. 草履虫的内部构造

选择一个被脱脂棉纤维阻挡住不太活动又比较清晰的草履虫，仔细观察其内部结构，主要包括以下几部分。

（1）表膜　草履虫体表最外层的薄膜即为表膜，具有弹性，使虫体维持固定的形状，当穿过脱脂棉纤维障碍时，体形可发生改变。

（2）细胞质　位于表膜内，分外质和内质两部分。

1）外质：位于表膜之下，薄而透明，无颗粒。外质内有许多与表膜垂直排列的、折光性强的长椭圆形囊状小体，即刺丝泡，其排列整齐，受到刺激时能放出刺丝。

2）内质：位于外质之内，富颗粒，能流动。

（3）胞口　位于口沟后端的小孔为胞口，下连胞咽，为食物的进口处。

（4）胞咽　胞口后方连接的深入内质的漏斗形短管为胞咽，较透明，管内有纤毛不停地快速摆动，具有运输食物的功能。

（5）食物泡　　内质里有许多大小不等的圆球形结构，即食物泡。口沟处纤毛摆动将水流中的食物（如细菌及其他有机颗粒）送入胞口，在胞咽下端形成小泡，小泡逐渐胀大落入细胞质内，即为食物泡。食物泡在细胞质内按照固定路径流动，新生的食物泡由胞咽落下后流向身体后端，然后由身体的背面向前流，在环流过程中，食物在溶酶体的参与下逐渐被消化吸收。不能消化的食物残渣，由身体后部的胞肛排出体外。胞肛不经常张开，只有排除食物残渣时才可观察到。

（6）伸缩泡　　在虫体的前端和后端各有一个透明的圆泡状结构，即伸缩泡。位于内质与外质之间，位置固定，不在细胞质内流动。每个伸缩泡向周围细胞质伸出放射状排列的长锥形透明小管，此为收集管。仔细观察，可见前后两个伸缩泡交替进行收缩，源源不断地排出体内多余的水分，以调节水分平衡。

（7）细胞核　　位于内质的中央，包括一个大核和一个小核。生活状态下的草履虫细胞核不易被观察到。可在盖玻片一边滴一滴 5% 的醋酸溶液（或 1% 的卡宝品红染液），在另一边用吸水纸吸水，2～3min 后用低倍镜可观察到虫体的中部被染成浅黄褐色（或红色），呈肾形的结构为大核。转高倍镜可见大核凹入处有一个点状的结构，即为小核。

（二）草履虫的生命活动

1. 草履虫的运动

草履虫全身的纤毛有节奏地呈波状快速摆动，由于口沟处的纤毛摆动更加有力，使得虫体绕体中轴向左或右旋转，螺旋状前行。

2. 草履虫食物泡的形成及变化

制作草履虫临时装片，在加盖玻片之前用牙签蘸取少许洋红粉末加入草履虫液滴中，轻轻搅匀。在低倍镜下找到一个被脱脂棉纤维阻拦而不易游动的草履虫，转高倍镜下仔细观察食物泡的形成过程，注意观察其大小、颜色的变化及在虫体内的移动环流路径。

3. 草履虫应激实验

（1）草履虫刺丝的观察　　由于刺丝泡开口在表膜上，遇刺激时，可将其内容物射出，遇水形成黏长的细丝。因此要观察草履虫的刺丝，首先需要制备草履虫临时装片，在盖玻片的一侧滴一滴 5% 亚甲蓝溶液或稀释 20 倍的蓝黑墨水等刺激性物质，另一侧用吸水纸吸引，使刺激液浸过草履虫。在低倍镜和高倍镜下观察，可见虫体周围呈现乱丝状，表明刺丝泡已射出刺丝。

（2）草履虫对酸刺激的反应

1）配制醋酸溶液：取草履虫的培养液用滤纸过滤，滤纸上密集的草履虫用少量培养液收集，保存备用。用滤得的培养液将冰醋酸分别稀释为浓度为 0.01%、0.02%、0.04% 和 0.06% 的醋酸溶液，分别放入试剂瓶内，用 pH 试纸测出醋酸溶液的 pH。

2）观察草履虫对酸刺激的反应。

A. 在体视显微镜下，用滴管吸取高浓度的草履虫培养液，滴于载玻片中央，使液滴呈圆球形，且直径越小越好，在液滴旁，用毛细管滴加一滴配制好的 0.01% 的醋酸溶液，然后用牙签尖端垂直于载玻片，自草履虫培养液滴划向醋酸液滴形成细小的水桥，边划边在体视显微镜下观察草履虫的运动情况，注意观察草履虫是否游向醋酸溶液及游向的数量，以及是否快速回到草履虫培养液滴中。

B. 再依次取 3 张载玻片，分别用 0.02%、0.04% 和 0.06% 的醋酸溶液重复以上实验，观察草履虫动态。

C. 分析上述实验结果，说明草履虫对不同 pH 溶液的趋性，以及草履虫最喜欢的 pH 是多少。

4. 草履虫生殖的观察

（1）无性生殖　　草履虫的无性生殖方式为横二分裂。观察活体草履虫的形态结构时，偶尔在视野中可发现正在进行横二分裂的草履虫。如果活体装片中未发现，可观察草履虫分裂生殖装片标本。

（2）有性生殖　　草履虫的有性生殖方式为接合生殖。活体观察时，偶尔可发现两个草履虫相并在一起，正在进行接合生殖。也可通过草履虫的接合生殖装片标本进行观察。

（三）其他原生动物

1. 绿眼虫（*Euglena viridis*）

鞭毛虫纲。体微小，呈梭形，前端钝圆，后端尖。表膜具有很多斜纹，观察活体时，可见细胞内有许多绿色、椭圆形的叶绿体，使虫体呈现绿色（观察叶绿体的形状、大小、数量及其结构为眼虫属、种的分类特征）。在虫体的前端有一个略呈椭圆形、无色透明的部分，为储蓄泡，在储蓄泡的一侧，紧贴储蓄泡的位置有一个红色的眼点，非常显著。虫体中部稍后有一个大而圆的核，生活时是透明的，将光线适当调暗些，可见虫体前端有一根鞭毛不断摆动，螺旋状摇摆前进。

2. 团藻（*Volvox* sp.）

鞭毛虫纲。呈空心的球形，一般由多达几万个个体排列在球表面形成一层，彼此由原生质桥相连。个体之间有所分化，大多数为营养个体，可进行光合作用，无繁殖能力，少数个体有繁殖能力，体积为营养个体的十几倍甚至几十倍。由精卵结合发育成一个新群体，少数繁殖个体可行孤雌生殖形成子群体。

3. 伊氏锥虫（*Trypanosoma evansi*）

鞭毛虫纲。寄生于多种脊椎动物的血液和淋巴液中。虫体微小细长，长约 25μm，宽约 2μm，在显微镜下观察可见红细胞间柳叶状的虫体。虫体中央有一椭圆形的核，体后端有一基体。鞭毛从基体发出，沿着身体前行到达体前端才游离出来，成为一根独立的鞭毛。鞭毛与身体相连的部分是由原生质延伸所形成的波动膜。

4. 大变形虫（*Amoeba proteus*）

肉足虫纲。虫体无固定形状，运动缓慢。体表有一层极薄的质膜，其内的细胞质可分为两部分，质膜之下为一层无颗粒、均质透明的外质；外质之内为可流动的颗粒状的内质。细胞核扁盘形，生活时一般不易见，可借助染色装片观察。内质中可看到一些大小不一的食物泡。伸缩泡一个，在内质中，呈清晰透明、圆形的泡状结构，时隐时现。生活时变形虫体形不断地改变，在其运动时，体表任何部位都可形成临时性的细胞质突起（伪足），是变形虫的临时运动胞器。伪足形成时，外质向外凸出呈指状或叶状，内质流入其中。仔细观察大变形虫体内细胞质的流动与伪足的形成过程。

5. 小瓜虫（*Ichthyophthirius* sp.）

纤毛虫纲。寄生在鱼的皮肤下层、鳃及鳍等处，形成白色小斑点，肉眼可见，严重时鱼体可见小白点，称为鱼斑病，可引起鱼类体表组织充血，病死率很高，对渔业危害巨大。

6. 四膜虫（*Tetrahymena* sp.）

纤毛虫纲。体呈倒卵形或梨形，长约 50μm。胞口位于腹面前方正中，右缘有一个波动膜，左侧有 3 个围口小膜。体表被以纵纤毛带，口后纤毛带一般为两列。胞肛和两个伸缩泡孔均位于细胞后端。大核位于细胞中部，小核位于大核附近。四膜虫多生活在有机质丰富的水体中，主要以细菌和其他有机质为食，也易于在实验室条件下培养，是实验生物学上使用较多的模式生物，在细胞生物学、药理学及真核细胞基因工程等研究和污水处理中被广泛应用。

7. 棘尾虫（*Stylonychia* sp.）

纤毛虫纲。体呈长圆形，背面隆起，腹面平。腹面和两侧的纤毛特化成棘毛。棘毛是由多根纤毛集合在一起形成的刷状或毛笔状物，有爬行、支撑和游泳等功能，后端具有 3 根较大的尾棘毛是本属纤毛虫的鉴别特征。口器发达，包括口围带、波动膜、胞口和胞咽等部分。大核分成前后两部分，小核 1～7 个，伸缩泡一个。生活在水生植物丰富的池塘、河流或沼泽水域。

8. 钟形虫（*Vorticella* sp.）

纤毛虫纲。体呈吊钟形，钟口即口缘，内缘着生有 3 圈纤毛形成的口缘小膜带。小膜带顺时针旋入胞咽，其他部分无纤毛。反口端有一内含肌丝的长柄，可附着于其他物体，收缩时呈螺旋状卷曲。大核马蹄形，小核粒状。无性生殖为纵裂，子代个体一大一小，大的仍留在原柄上，小的在反口端长出一圈临时纤毛并借此游动，最后长出一柄附着在基质上，临时纤毛随即消失。多见于有机质丰富的水体中，多数种类以细菌、藻类等为食，能促进活性污泥的絮凝作用，是水质指示生物。

9. 喇叭虫（*Stentor* sp.）

大型纤毛虫。虫体能收缩，伸展后呈喇叭状，肉眼可见。体表除均一成行的一般纤毛外，口缘区（喇叭口）围有纤毛组成的口膜带，顺时针方向旋转至胞口。多数种类大核为念珠状或长棒状，小核特别小，多个。

【作业与思考】

1）分析各项实验，举例说明为什么说原生动物的单个细胞是一个完整的、能独立生活的动物个体？

2）采集并提交草履虫食物泡形成、在体内运行，伸缩泡活动，刺丝释放，以及草履虫对酸刺激反应的清晰影像。

实验三　水螅的形态结构与生命活动及其他腔肠动物

> 　　腔肠动物包括水螅、水母、海葵和珊瑚等，是真正的两胚层动物，呈辐射对称或两侧辐射对称，能适应固着或漂浮生活，它不但有细胞的分化，还出现了最原始的组织分化，是多细胞动物中最为原始的一类。
>
> 　　水螅的形态结构与生命活动展示了腔肠动物的主要特征，认识这些特征，有助于理解进化过程中，生物如何由简单原始的形式逐渐趋于复杂，并形成现代高等动物的较为完善的结构体制。

【实验目的】

1）通过对水螅形态结构及生命活动的观察，了解腔肠动物门的主要特征。

2）通过对水螅活体的观察，了解水螅的生活方式和对环境变化的反应。

3）认识一些腔肠动物的代表种类，了解腔肠动物在动物进化中的重要地位。

【实验内容】

1）水螅的活体观察与实验。

2）水螅网状神经的显示。

3）水螅玻片标本的观察。

4）腔肠动物主要类群常见种类示范。

【实验材料与用品】

（一）材料

活水螅，活水蚤或水丝蚓，水螅带芽整体装片，水螅横切面和纵切面玻片标本，水螅过精巢和过卵巢横切面玻片标本，其他常见腔肠动物浸制标本、装片或干标本。

（二）用品

体视显微镜，放大镜，解剖针，镊子，吸管，培养缸，培养皿，载玻片，盖玻片，滤纸片。

（三）试剂

1% 醋酸溶液，0.03% 谷胱甘肽溶液，琼脂，蛋白胨，蛋黄，蛋白，硫酸镁或氨基甲酸乙酯，0.01% 亚甲蓝溶液。

【操作与观察】

（一）活体观察与实验

1. 外部形态及对刺激的反应

用吸管将水螅从附着物上铲吸下来，转移至盛有少量原生活水的培养皿中，置于体视显微镜下，待其身体伸展后观察。水螅体呈圆柱状，附在物体上的一端称基盘，另一端有略呈锥状的突起，即垂唇，垂唇中央为口，周围有细长的触手环绕，触手一般有6～10条。用解剖针刺激水螅的触手和身体，观察水螅如何反应（＊为什么？）。刺激强度不同时反应是否不同？把水螅的触手切下一段，再用解剖针刺激。（＊水螅触手脱离身体后受刺激所产生的反应与未脱离身体时的反应相同吗？为什么？）

2. 刺细胞及刺丝囊

吸取水螅到载玻片上，置于低倍显微镜下观察，其体表有许多瘤状的小突起，特别是在触手上更多。小突起称为刺胞架，由皮层的皮肌细胞和几个刺细胞融合而成，当遇到食物或刺激时，其内的刺丝囊会发射出刺丝。每个突起中有 3 或 4 种刺丝囊，刺细胞略呈圆形，端部放出一根细丝，称刺丝。用刀片切下一段触手，盖上盖玻片，均匀用力把触手压扁，在高倍显微镜下可见刺丝囊由刺细胞中压出，有的刺丝囊中的刺丝已射出。也可将 1% 醋酸溶液滴在盖玻片的一边，另一边用滤纸片吸引溶液，在显微镜下观察刺丝的发出。（＊能观察到几种刺丝囊？它们各有何功用？刺丝发出后刺细胞会怎样？）

3. 捕食活动及谷胱甘肽在取食过程中的作用

1）用吸管铲吸一条停止投食多日的水螅，置于载玻片上，吸取一或两个水蚤放在有水螅的液滴上，观察水螅对水蚤的捕食反应及捕食过程。当水螅抓住水蚤后，可在低倍镜下观察水螅把食物送到口边及吞下的方式。

2）再取已饥饿数日的水螅，分放在两个培养缸内。

A. 将一些与水蚤大小差不多的琼脂、蛋白胨或熟蛋白、蛋黄的碎块，投放到其中一个培养缸内的水螅触手旁，用放大镜观察水螅的取食反应。

B. 在投放以上食物碎块的同时，滴几滴新配制的 0.03% 谷胱甘肽溶液，或将食物碎片与谷胱甘肽溶液混合后投放，观察水螅的取食反应如何？

C. 将滤纸片或稻草碎片与谷胱甘肽溶液混合后，投放到另一个培养缸，水螅又会如何反应？（＊分析实验结果，说明谷胱甘肽在水螅取食中的作用。）

（二）水螅网状神经的显示

1. 麻醉

吸取几只饥饿 2d 但较健壮的水螅连同少量培养水置于小培养皿内，水以能没过虫体为宜。待水螅稍舒展身体后，用镊子取硫酸镁逐颗放入水中，使水螅慢慢麻醉，身体舒展。在体视显微镜下观察，当用解剖针触及，水螅身体和触手不收缩时停止放入硫酸镁。硫酸镁不能放得过急过多，否则水螅会紧紧收缩甚至死亡而不利观察。硫酸镁的作用是可逆的，麻醉过度时可以将水螅转入培养水中恢复。

2. 染色与观察

将已麻醉的水螅吸到载玻片上，滴 2 或 3 滴 0.01% 亚甲蓝溶液，置于低倍显微镜下随时观察，经 20～30min 后，水螅的网状神经逐渐显示出来。盖上盖玻片，在高倍显微镜下仔细观察，可见神经细胞的突起彼此连成网状。（＊水螅有没有神经中枢？）

（三）水螅玻片标本的观察

1. 水螅整体装片的观察

分别取水螅带芽体整体装片，具精巢和卵巢的水螅整体装片，在低倍显微镜下观察芽体、精巢和卵巢在体壁上的生长位置（图3-1）。（*水螅的无性生殖和有性生殖会同时进行吗？）

2. 水螅纵切片和横切片的观察

显微镜下观察水螅纵切片，先在4×物镜下辨认水螅的口、垂唇、触手、消化循环腔和基盘等部位。（*如触手被纵切，其内的腔与消化循环腔相通吗？如芽体被纵切，芽体的体壁与母体的体壁的关系如何？）

再转到10×物镜，识别水螅的外胚层、中胶层和内胚层（图3-2）。然后观察水螅横切片，辨认内、外胚层，中胶层和消化循环腔。再将水螅纵切片或横切片体壁的一部分移到视野中部，换高倍镜观察体壁结构。

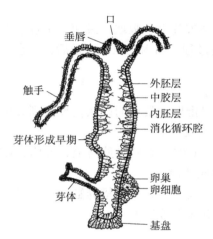

图3-1　水螅纵切模式图
（引自刘凌云和郑光美，2009）

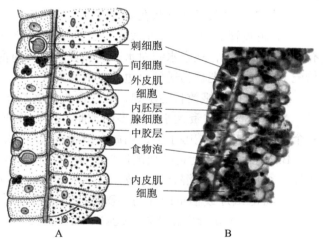

图3-2　水螅纵切面显微观察（引自王戎疆等，2018）
A. 模式图；B. 纵切面

（1）外胚层（皮层）　外胚层在体壁外侧，由多种细胞组成。先找到细胞核，在核周围辨认细胞的界限。数目最多的柱状细胞，细胞较大且细胞核清晰，是外皮肌细胞。外皮肌细胞连接中胶层一端的细胞质有平行于水螅纵轴的肌原纤维。在皮肌细胞之间靠近中胶层处，有些小型且数个堆在一起的细胞，是间细胞。还有一种中央包含有染色较深的圆形或椭圆形囊的细胞，是刺细胞，此外还有感觉细胞，它们与神经细胞相连。神经细胞在外胚层基部，紧贴中胶层，较为稀疏，需仔细寻找。（*神经细胞有何功用？）

（2）中胶层　中胶层夹在内、外胚层之间，薄而透明，是由内、外胚层细胞分泌的一层非细胞结构的胶状物质。

（3）内胚层（胃层）　内胚层是体壁内侧的一层细胞。内皮肌细胞数目最多、细胞大、核清晰，细胞内常含有许多染色较深的食物泡。内皮肌细胞连接中胶层一端的细胞质有垂直于水螅纵轴的肌原纤维。腺细胞数量比较多，散布在内皮肌细胞间，长形，游离端常膨大并含有细小的深色分泌颗粒。此外还有少数的感觉细胞和间细胞。

3. 水螅过精巢和过卵巢横切片的观察

在显微镜下观察成熟水螅精巢的横切片（图3-3A），切面上精巢近似圆锥形，由内向外依次是精母细胞、精细胞和成熟的精子。再取成熟水螅卵巢的横切片观察（图3-3B），卵巢为卵圆形，成熟的卵巢里一般只有一个卵细胞，其余的是营养细胞，但处在不同发育期的精巢和卵巢，其内部生殖细胞发育程度也有不同。（* 精巢和卵巢来源于哪个胚层？）

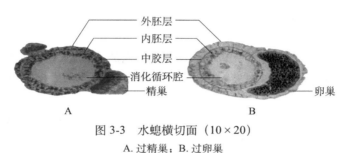

图3-3 水螅横切面（10×20）

A. 过精巢；B. 过卵巢

（四）其他腔肠动物

1. 水螅纲（Hydrozoa）

水螅纲大多海生，少数淡水生。单体或群体。生活史中大部分有世代交替现象，有水螅体和水母体时期，少数种类仅有水螅体或仅有水母体。水螅体无口道，消化循环腔内无隔膜。水母体小型，有缘膜。

（1）薮枝螅（*Obelia* sp.） 海产，群体生活，呈树状分叉。固着他物上的部分为螅根，由螅根向上延伸的部分为螅茎，螅茎两侧为互生的螅枝，分营养个员和生殖个员。

（2）僧帽水母（*Physalia* sp.） 生活于热带海洋，是浮游性的多态群体水母，我国南方海域有产。大的浮囊状如僧帽，其中充满气体。浮囊下有各种个员，最长的为触手（指状体），短而棒状的是营养体。

（3）钩手水母（*Gonionemus* sp.） 体伞状，透明，小型水母，直径约2cm。伞边缘有一圈向内生的发达缘膜（velum），四周有许多细长的触手，可伸缩，末端作锐角状弯曲，故称钩手水母。伞口面有辐管4条，下方各有一曲波状的带状生殖巢，来源于外胚层。生活于近海岸水藻茂盛处。

2. 钵水母纲（Scyphozoa）

钵水母纲一般为大型水母，最大的伞径可达1m左右。伞边缘无缘膜，但有缺刻，将伞缘分割成若干瓣，称为缘垂。雌雄异体。生活史中水螅体退化或缺如。

（1）海月水母（*Aurelia aurita*） 圆盘状或伞状，乳白色几乎透明，中胶层发达。伞缘较薄，缘垂8个，每个缘垂有80余条短小的空心触手。口呈"十"字形，四角伸出4条口腕，口腕为双褶的悬垂物，其长，上有许多刺细胞。口腕间有4个近圆形的生殖下窝，来自内胚层的生殖腺呈马蹄形，多皱褶，生活时雄性为褐黄色，雌性较深，略带红色。沿海均有分布。

（2）海蜇（*Rhopilema esculentum*）　伞体高，呈超半球形，表面光滑，中胶层发达，伞径达 25cm 以上。伞缘无触手，被主辐管和间辐管分为 8 个区域，每一区域有缘垂 14～18 个。口腕基部愈合，其上有许多吸口和棒状及丝状附属物。在我国北起大连、南至广东的海域均有分布，为食用水母。

3. 珊瑚纲（Anthozoa）

珊瑚纲单体或群体，海生，只有水螅型，无水母型。水螅型结构复杂，有外胚层来源的口道及口道沟，消化循环腔有隔膜及隔膜丝。生殖腺来自内胚层。除海葵目外，多数具有骨骼。

（1）海葵（*Actinaria* sp.）　单体不具骨骼的六放珊瑚，种类很多。体圆筒状，由口盘、体柱和基盘组成。口盘中央为口，周围或整个口盘面密生中空触手，不分枝。体柱可伸缩，基盘固着于他物。

（2）石芝（*Fungia* sp.）　单体珊瑚，如蘑菇状。生活的珊瑚虫位于石灰质的基板，即珊瑚座上，由此向上伸出极多的骨板，突入隔膜间隙。

（3）红珊瑚（*Corallium* sp.）　群体八放珊瑚，中轴骨骼呈树状分枝，但不在一个平面上，骨骼呈红色或深红色。

【作业与思考】

1）绘水螅纵切面或横切面（局部）图，示各部分结构。

2）根据实验总结腔肠动物的主要特征，如何理解它们在动物进化过程中的重要地位？

3）为什么说腔肠动物开始出现组织分化？什么细胞是腔肠动物特有的？

4）水螅受到刺激后，身体的收缩与它的哪些结构有关？

实验四　涡虫的形态结构与生命活动及其他扁形动物

扁形动物在动物进化演化过程中占有重要地位，首次出现了中胚层及器官系统的初步分化，出现两侧对称体制，这是动物从水生进化到陆生的基本条件之一。扁形动物尚未出现体腔。

扁形动物包括涡虫纲（Turbellaria）、吸虫纲（Trematoda）和绦虫纲（Cestoda），前者营自由生活，后两者营寄生生活。日本三角涡虫（*Dugesia japonica*）属涡虫纲，是一种常用的实验动物。

【实验目的】

1）学习对低等蠕形动物进行活体观察和实验的一般方法。

2）通过实验，了解扁形动物的基本特征、进步性特征及其生物学意义。

3）认识几种常见扁形动物。

【实验内容】

1）涡虫活体观察与实验。

2）涡虫整体装片玻片标本的观察。

3）涡虫横切面玻片标本的观察。

4）扁形动物主要类群常见种类示范。

【实验材料与用品】

（一）材料

活涡虫，涡虫示神经系统整体装片和涡虫示生殖系统整体装片玻片标本，涡虫横切面玻片标本，其他常见扁形动物的浸制标本或玻片标本或干制标本。

（二）用品

体视显微镜，放大镜，解剖针，镊子，载玻片，盖玻片，培养皿，10ml 烧杯，滴管，毛笔，吸水纸，黑纸（或黑塑料片），精密 pH 试纸（pH 范围 0.5～5.0 和 5.7～7.0）。

（三）试剂

食盐，硫酸镁，洋红粉末，0.02%、0.04% 和 0.1% 醋酸溶液，熟蛋黄。

【操作与观察】

（一）活体观察与实验

用毛笔在培养缸内挑选一条活涡虫，置载玻片上的水滴中。

1. 外部形态

用放大镜或在体视显微镜下观察。可见涡虫体扁长，背部微凸，灰褐色；体前端呈三角形，两侧略突起称耳突，前端背面、耳突内侧有一对黑色眼点；体后端稍尖。用解剖针将虫体翻至腹面向上，腹面较扁平，颜色较浅，密生纤毛，腹面近体后 1/3 处有口。口后方有一个生殖孔，没有肛门，生殖孔极小，不易观察。（＊为什么说涡虫的身体呈两侧对称体型？虫体的背、腹面功能有何分化？）

2. 运动

用放大镜或低倍显微镜观察涡虫在载玻片上如何依靠纤毛和皮肌囊收缩做滑行运动，用镊子头挡在涡虫行进方向的前方，观察涡虫如何行进。（＊涡虫的运动有定向性吗？涡虫的运动方式与其两侧对称体型有何相关性？有何进步意义？）

3. 涡虫对刺激的反应

1）用解剖针轻触虫体的前端、后端及其他部位，观察虫体不同部位对刺激的反应。（＊注意观察涡虫应答刺激的运动方式。说明什么？）

2）涡虫的趋性。

A. 在载玻片上涡虫滑行前方的水中放一小粒食盐，观察涡虫有何反应。

B. 用吸管吸取一条涡虫，连同水一起放在载玻片上。用另一吸管取 0.1% 醋酸溶液，滴一滴在涡虫水滴旁，两液滴间由液桥连通。观察涡虫的运动，用 pH 试纸检测涡虫水滴和醋酸溶液的 pH。再分别用 0.04% 和 0.02% 的醋酸溶液重复上述实验，观察结果。（*涡虫对酸的趋性如何？）

C. 将数条涡虫放入盛水的培养皿中，分布均匀，再用黑纸（或黑塑料片）将培养皿的一半盖住，将培养皿置于光下片刻后，观察涡虫的趋光性反应。或者开启手电筒，改变光线的强度和方向，观察涡虫对光刺激有何反应。（*在涡虫生活的水环境中，白昼时应于何处寻找涡虫？）

4. 涡虫的消化系统

1）取一条涡虫置于载玻片上的水滴中，将少许硫酸镁结晶缓缓投入载玻片上的水滴中，涡虫逐渐麻醉，在体视显微镜下观察，可见有一管状结构从口中伸出体外，此即咽。

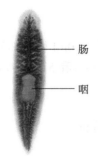
肠
咽

图 4-1　涡虫肠管
注射装片示消化系统
（10×3.8）

2）取饥饿数日的涡虫于小烧杯中，将熟蛋黄粉末与洋红粉末混匀后投喂涡虫。1～2h 后，肉眼观察可见虫体内部已显红色。取出涡虫于载玻片上，置低倍镜下观察已呈红色的肠管分支状况（图 4-1）。（*涡虫的消化系统由哪些器官组成？有肛门吗？）

5. 涡虫的排泄系统

取饥饿数日的涡虫，置载玻片上水滴中，待虫体伸展时，加盖盖玻片，随即用铅笔的橡皮头轻压虫体，使虫体被均匀碾开，此时有破碎组织外溢。置低倍镜下观察，可见虫体两侧有一系列不规则闪烁光亮。选取较清晰处转高倍镜下观察，可见闪烁处有细管道分支，其中有液体不停地定向流动。流动液体的边界即原肾管管壁，闪烁光亮则为原肾管分支末端帽细胞内纤毛摆动所致。虫体两侧可以看到旋转的帽细胞，帽细胞位于排泄管的末端，虫体被压碎后，帽细胞靠纤毛摆动游离出来，不断旋转（图 4-2）。

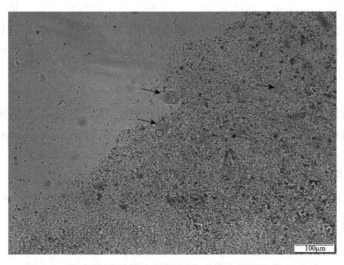

图 4-2　涡虫排泄系统中的帽细胞（箭头所示）（10×20）

（二）涡虫整体装片玻片标本的观察

1. 神经系统

低倍镜下观察示神经系统的涡虫整体装片，可见体前端有一对神经节组成的"脑"（图4-3），由此沿身体两侧后行有两条纵神经索，索间有许多横神经连接，似梯形，"脑"发出神经到眼、耳突各部。（*涡虫神经系统和感觉器官比较集中和发达，与其生活方式及两侧对称体型有何相关性？）

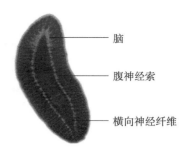

图4-3 涡虫神经系统
（吴素格提供）（10×4）

2. 生殖系统

涡虫雌雄同体。取显示生殖系统的涡虫整体装片玻片标本置显微镜下观察。

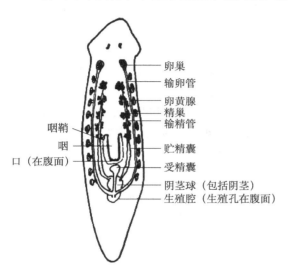

图4-4 涡虫生殖系统模式图
（引自刘凌云和郑光美，2009）

（1）雌性生殖器官（图4-4） 虫体前端两眼点后方有一对卵巢，深色，圆形。两卵巢各有一条输卵管沿身体两侧向后行，在咽后方汇合通入生殖腔。生殖腔前方有一椭圆形的受精囊也通入生殖腔。两输卵管外侧还有许多颗粒状的卵黄腺。

（2）雄性生殖器官（图4-4） 虫体两侧与输卵管平行有许多圆球形精巢，每精巢由一输精小管（不易看清）通入一对输精管，输精管在咽两侧膨大成贮精囊；贮精囊在生殖腔前方汇合成阴茎，阴茎通入生殖腔。生殖腔有生殖孔通向体外。（*固定生殖腺和生殖导管的形成有何进化意义？）

（三）涡虫横切面玻片标本的观察

取涡虫横切面玻片标本置显微镜下观察。涡虫横切面背面隆起，腹面扁平，为三胚层无体腔动物（图4-5，图4-6）。

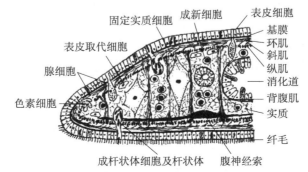

图4-5 涡虫横切面模式图（引自刘凌云和郑光美，2009）

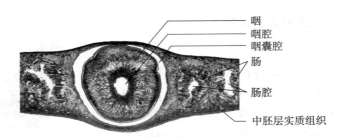

咽
咽腔
咽囊腔
肠
肠腔
中胚层实质组织

图 4-6　涡虫过咽的横切面（10×20）

1. 外胚层

外胚层为体壁最外一层排列紧密的柱状上皮细胞，其间夹有的色深、条状结构为杆状体（＊杆状体有何功用？）。此外，还可看到一些向里层（中胚层）深入的囊状、含深色颗粒的腺细胞及其通向体表的部分管道。转高倍镜观察，可见腹面表皮细胞具纤毛，表皮细胞的基底为一薄层基膜。

2. 中胚层

中胚层形成肌肉组织和实质组织。镜下可见紧贴基膜内侧的环肌，环肌内侧为纵肌，它们与表皮共同构成体壁，即皮肌囊（＊皮肌囊有何功能意义？）。此外，在横切面的背腹体壁间还可见到背腹肌纤维。在体壁与消化管之间充满呈网状、含有许多黄色小泡的结构，为中胚层实质组织，无体腔。（＊实质组织有何功能？中胚层的出现有何意义？）

3. 内胚层

切片中间可见到几个小空腔，即为肠腔，肠壁为单层柱状上皮细胞，是内胚层形成的消化管。（＊根据横切面上所见到的肠断面的数目，能否确定所观察的涡虫横切面取材于身体的何部位？说明理由。）

（四）其他扁形动物

1. 涡虫纲（Turbellaria）

涡虫纲身体背腹扁平，以纤毛为运动器官，消化道发达，大多营自由生活。

（1）笄涡虫（*Bipalium kewense*）　　体扁细长，体长一般 20~30cm，头端向左右扩展成半月形的头瓣。头瓣边缘有众多眼点，体腹面有纵向的条带。陆生，生活于潮湿的土壤中。

（2）平角涡虫（*Planocera* sp.）　　体扁宽大，身体呈半圆形或叶形，体长 2~3cm，肠位于身体中央，向四周分出许多盲支，海产。

2. 吸虫纲（Trematoda）

吸虫纲身体大多背腹扁平，呈叶片状。消化系统退化，具口吸盘、腹吸盘两个吸盘。大多营内寄生。

（1）日本血吸虫（*Schistosoma japonicum*）　　体长柱形，口吸盘、腹吸盘各一个，雌雄异体，互相合抱。雄虫粗短，腹部中央有抱雌沟。雌虫细长，常藏于雄虫抱雌沟内。寄生在人的肝门静脉和肠系膜静脉中，中间寄主为钉螺。

（2）布氏姜片虫（*Fasciolopsis buski*）　　体扁平，长卵圆形，肥厚多肉，形如姜片。人体最大寄生吸虫。体长约 30mm，宽约 12mm。口吸盘小，位于身体前端；腹吸盘大，靠近口吸盘。寄生在人的小肠内，扁卷螺为其第一中间寄主，第二中间寄主为红菱、荸荠、茭白等。

（3）华支睾吸虫（*Clonorchis sinensis*）　　形如柳叶状，后端宽于前端。体长 10～25mm，宽 3～5mm。口吸盘大于腹吸盘，口吸盘位于躯体前端，腹吸盘位于身体腹面前端 1/5 处。寄生在人和猫、狗的胆管内，以淡水螺类为第一中间寄主，以淡水鱼、虾为第二中间寄主。

3. 绦虫纲（Cestoda）

绦虫纲体细长扁平，呈长带状。身体由许多节片组成，可分为头节、颈节和节片三部分。头节上有吸盘、小钩等附着器官。颈节纤细不分节。根据节片内生殖器官成熟情况，又分为未成熟节片、成熟节片和妊娠节片。

（1）猪带绦虫（*Taenia solium*）　　乳白色、扁平带状，长 2～4m。头节球形，头节顶端有一短而圆的顶突，上有两圈小钩。在头节上有 4 个吸盘。成虫寄生在人的小肠内，幼虫寄生在猪或人的肌肉和皮下组织等处。

（2）牛带绦虫（*Taeniachynchus saginatus*）　　乳白色、扁平带状，长 5～10m。头节方形，前端有 4 个吸盘。无顶突和小钩。成虫寄生在人的小肠内，幼虫寄生在牛、羊的肌肉内。

【作业与思考】

1）绘涡虫横切面图，注明各部分的名称。

2）根据实验观察，比较涡虫应答刺激的运动方式与水螅有何不同。为什么会出现这些不同？

3）与腔肠动物相比，扁形动物具有哪些进步性特征？这些特征有何进步性意义？

4）扁形动物的哪些特征为动物由水生进化到陆生奠定了基本条件？说明理由。

实验五　河蚌的形态结构与生命活动及其他软体动物

　　软体动物是动物界中的第二大类群，种类繁多，分布广泛。它们身体柔软，分为头、足、内脏团和外套膜四部分，大多有贝壳。软体动物生活习性多样，各类群形态结构差异较大。河蚌（又称无齿蚌，*Anodonta* sp.）是其中适应穴居生活的典型代表，通过对其外形和内部结构的观察，有助于理解动物形态结构对环境和生活方式的适应。

【实验目的】

1）掌握河蚌的内部解剖方法。

2）通过对河蚌外形和内部结构的观察，掌握软体动物门的特征及与生活方式相适应的特征。

3）认识常见的软体动物的种类，掌握各纲的鉴别特征。

【实验内容】

1）河蚌外形、生命活动及内部结构的观察。

2）河蚌幼体的观察。

3）软体动物常见种类的识别。

【实验材料与用品】

（一）材料

活河蚌，各种常见的、活的软体动物。

（二）用品

体视显微镜，放大镜，解剖盘，解剖器具，恒温水浴锅，培养缸，培养皿，温度计，载玻片，滴管。

（三）试剂

蓝黑墨水。

【操作与观察】

（一）河蚌外形、生命活动及内部结构的观察

1. 外形

河蚌左右两瓣壳，等大，近椭圆形，前端钝圆，后端略尖（*如何确定河蚌的前后、左右和背腹？）。壳背方略偏前的凸起为壳顶，其前稍凹陷部为小月面（又称小楯面），其后面为楯面。壳表面以壳顶为中心与腹缘相平行的弧线为生长线，壳背部铰合处黑褐色的结缔组织为铰合部的韧带（*有何作用？）。河蚌外形如图 5-1 所示。

2. 运动与呼吸

观察水体中生活状态下河蚌的斧足及双壳的状态，然后轻轻搅动水体或用镊子轻触斧足，观察河蚌有何反应。

在河蚌后腹方入水管附近轻轻滴加蓝黑墨水，观察出水管附近颜色变化。（*为什么会有蓝黑色水流？此流动有何意义？）

3. 河蚌的解剖

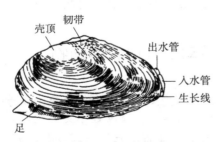

图 5-1 河蚌外形图（引自刘凌云和郑光美，2009）

活的河蚌因闭壳肌的作用，两壳紧密闭合，不易打开。解剖时，将河蚌头端向左，腹缘向上，壳顶部靠在蜡盘上，左手从上向下将其按住，右手持解剖刀将刀柄自两壳腹面中缝处平行插入，扭转刀柄，将壳稍撑开，然后用镊子柄取代刀柄并扭转，取出解剖刀。在腹面的前后缘重复此操作，插入镊子柄。用解剖刀柄小心分离左壳（*要将河蚌的左右分辨清楚）内表面的外套膜，然后用解剖刀的刀刃紧贴左壳内表面伸向背后方，在靠近背方的前、后分别切断前、后闭壳肌及附近肌肉，打开左壳即可进行实验和观察。

4. 心搏动

去掉左侧贝壳后，仔细观察河蚌铰合部下方的部位，可见一个长囊形的淡色区域在搏动，该处就是心的位置。心位于围心腔内，外覆有外套膜和围心腔膜。小心地用镊子捏起外套膜和围心腔膜，将其剪去，可见心有规律地跳动。将暴露心的河蚌置于盛有室温水的培养缸内，让水淹没心，记录此温度下每分钟心搏次数（心率）。然后向培养缸内添加冰块，使水温逐渐下降，直到4℃左右，记录每分钟心搏次数。然后将培养缸置于水浴锅内，逐步升高温度，温度每升高5℃左右，记录一次心率，直至水温47℃左右为止。注意每升到一个记录温度，要等待3～5min后，再开始记录心率（*为什么要等待3～5min？）。观察并记录数据，分析温度对心率的影响，并解释原因。

5. 内部结构

（1）肌肉　在身体的前、后端各有一大束肌肉，分别为前闭壳肌和后闭壳肌（去除左侧贝壳时已切断）。紧接前闭壳肌内侧的腹方有一小束肌肉，为伸足肌。前、后闭壳肌内侧的背侧方向各有一小束肌肉，为缩足肌。在左侧的贝壳内表面可见到这几束肌肉的痕迹。贝壳内面跨于前、后闭壳肌痕之间，靠近贝壳腹缘的弧形痕迹称外套线，是外套膜边缘附着的地方（图5-2，图5-3）。

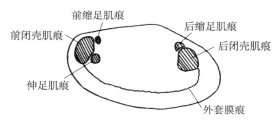

图5-2　河蚌贝壳内面图示肌肉痕迹（引自刘凌云和郑光美，2009）

（2）外套膜与外套腔　　紧贴贝壳内面，在柔软身体外部的左右两侧各有一半透明的膜状构造，为外套膜。左右两外套膜包含的腔，为外套腔。

（3）水管　　外套膜的后缘部分合抱形成2个短管状构造：腹方的为入水管，边缘有感觉乳突；背方的为出水管（图5-3），边缘光滑。水管基部有肌肉控制水管的伸缩。（*出、入水管分别通向哪里？水流的作用是什么？）

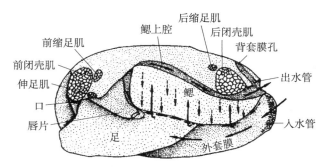

图5-3　河蚌移除左壳和左侧外套膜后内部结构模式图（引自刘凌云和郑光美，2009）

（4）足　　足位于两外套膜之间，斧状，肌肉质（图5-3，图5-4）。

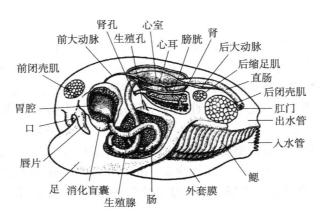

图 5-4　河蚌内部结构剖面图（引自刘凌云和郑光美，2009）

（5）呼吸器官　　鳃位于足的后方，内脏团两侧，每侧各两片（图 5-4）。

1）鳃瓣：将外套膜向背方揭起，可见足与外套膜之间、足后缘的两侧各有两片鳃瓣，靠近外套膜的一片为外鳃瓣；靠近足部的一片为内鳃瓣。如果解剖的河蚌外鳃瓣肿胀，撕开鳃丝有白色的液体流出（＊此河蚌的性别？外鳃瓣有何作用？），取此液体做临时装片，显微镜下观察（＊是什么？）。另用剪刀剪取一小片鳃瓣，置于显微镜下观察。（＊表面是否有纤毛在摆动？纤毛对河蚌的生活起什么作用？）

2）鳃小瓣：每一鳃瓣由两片鳃小瓣合成，外侧的为外鳃小瓣，内侧的为内鳃小瓣。内、外鳃小瓣在腹缘及前、后缘彼此相连，中间则有瓣间隔把它们彼此分开。

3）瓣间隔：为连接两鳃小瓣的垂直隔膜，它把鳃小瓣之间的空腔分隔成许多鳃水管。

4）鳃丝：由鳃小瓣上许多背腹纵走的细丝组成。

5）丝间隔：是鳃丝间相连的部分。其间不相连部分形成鳃小孔，水由此进入鳃水管。

6）鳃上腔：为内、外鳃小瓣之间背方的空腔，用镊子挑开鳃背方的薄膜即可见到。（＊鳃上腔连通哪里？河蚌的呼吸作用是如何完成的？）

（6）循环系统

1）心：内脏团背侧，铰合部下方，位于围心腔膜包裹的围心腔中，由一心室二心耳组成（图 5-4）。心室为一个长圆形富有肌肉的囊，有两个心孔，能收缩，其中有直肠贯穿。心耳在心室腹方，左右侧各一个，为三角形薄壁囊，也能收缩。

2）动脉干：由心室向前及向后发出的血管，沿着肠的背侧前行的为前大动脉；沿直肠腹侧后行的为后大动脉。

（7）排泄系统　　排泄系统由肾和围心腔腺两种器官组成。

1）肾：一对，位于围心腔腹面左右两侧，一直伸到后闭壳肌的前方，由腺体部及膀胱部构成（图 5-4），将围心腔下方的外套膜向下拉，即可见到。黑色管状结构为腺体部，管内有黑色的海绵状组织，前端有短管伸入围心腔，以肾口开口其中（不易观察，可将肾取下浸入水中，在体视显微镜下寻找肾口）。腺体部在后闭壳肌的前面向前折回，成为中空的管道，即肾的膀胱部（用手指轻轻将内脏团向下拉，可见在腺体部与围心腔之间有一半透明的管道，如有困难可加水后在体视显微镜下观察），其末端以肾孔（不易观察）开口于鳃上腔。（* 为什么开口于此？）

2）围心腔腺：位于围心腔前端两侧，分支状，略呈赤褐色。

（8）生殖系统　　河蚌为雌雄异体。生殖腺均位于足基部内脏团中，以手术刀除去内脏团的外表组织，可见白色的腺体（精巢）或黄色的腺体（卵巢），即为生殖腺，左右两侧生殖腺各以生殖孔开口于排泄孔的前下方（图5-4）。

（9）消化系统　　消化系统由口、食道、胃、肝、肠、直肠和肛门等部分组成（图5-4）。口位于前闭壳肌腹侧，横裂缝状，两侧各有两片内外排列的三角形唇瓣。口后为短管状食道，连膨大的胃。肝分布在胃周围，是呈淡绿色的腺体，一对肝管开口于胃。肠接胃后盘曲在内脏团内，直肠从肠延伸，折向背方，穿过围心腔中的心室，最后以肛门开口于后闭壳肌背方的出水管附近。

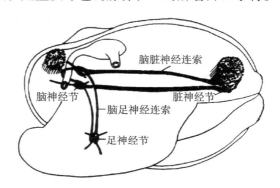

图5-5　河蚌神经节与神经连索
（引自刘凌云和郑光美，2009）

（10）神经系统　　神经系统主要由3对神经节组成，其间有神经连索相连（图5-5）。

1）脑神经节：一对，前闭壳肌与伸足肌之间，食道两侧。用尖头镊子小心撕去该处结缔组织，并轻轻掀起伸足肌，即可见淡黄色星芒状神经节。

2）足神经节：一对，位于足的前缘1/3处，紧贴内脏团下方。淡黄色，用解剖刀从足开始将整个内脏团纵剖开即可见。

3）脏神经节：一对，已愈合，呈蝶状，淡黄色，位于后闭壳肌的腹侧。用尖头镊子小心撕去该处表面的一层组织膜即可见。

（11）钩介幼虫的观察　　取雌性河蚌肥厚外鳃瓣的分泌物一滴置于载玻片上，放置显微镜下观察，可见到河蚌的幼体阶段——钩介幼虫。幼虫生有一对左右对称的小贝壳，贝壳一张一合。贝壳张开时，可看到壳的腹缘有带齿的钩，腹部中央有一条细丝称足丝（* 钩介幼虫营寄生生活，其钩和足丝有何功用？）。钩介幼虫是由亲蚌的受精卵在雌体外鳃瓣的鳃腔中发育而成的。（* 精、卵如何相遇而受精？依钩介幼虫所在部位，它们将通过何种路径从雌蚌中排出？）

（二）软体动物常见种类

1. 红条毛肤石鳖（*Acanthochiton rubrolineatus*）

多板纲。体为背腹扁平的长椭圆形，背面隆起，腹面扁平。在背部中央有8枚覆瓦状排列的石灰质壳板，上有3条红色纵带。环带宽，上密生棘刺和左右对称的9对棘丛。以宽大的足和环带吸附于潮间带岩石上。

2. 皱纹盘鲍（*Haliotis discus hannai*）

腹足纲，前鳃亚纲。壳坚厚，呈耳状。具3个螺层，螺旋部极小，体螺层极为膨大。自第 2 螺层中部开始到体螺层的边缘有一列高突起和水孔，末端有 3～5 个开口与外界相通。壳面极粗糙，具疣突。壳表面深绿色，生长纹明显；壳内面银白色，有光泽。

3. 扁玉螺（*Neverits didyma*）

腹足纲，前鳃亚纲。壳略呈扁椭圆形，螺层约 5 层。壳顶低小，几乎不超出壳的表面。体螺层极膨大。壳面光滑无肋，缝合线和生长线明显。壳口大，向外侧倾斜，厣角质。

4. 灰巴蜗牛（*Bradybaena ravida*）

腹足纲，肺螺亚纲。壳中等大小，呈圆球形。有 5.5～6 个螺层，体螺层急骤膨大。壳面黄褐色或琥珀色，并具有细致而稠密的生长线和螺纹。壳顶尖，缝合线深，壳口椭圆形，口缘完整，略外折。

5. 毛蚶（*Scapharca subcrenata*）

双壳纲。俗名毛蛤蜊、瓦垄子。壳中等大，长卵圆形，坚厚膨胀，左壳稍大于右壳。壳面白色，被有褐色绒毛状壳皮，壳表有 30～34 条规则的放射肋。壳内白色，壳缘具齿。铰合部直，铰合齿约 50 个。

6. 紫贻贝（*Mytilus galloprorincialis*）

双壳纲。壳楔形。壳顶尖细，位于壳的最前端，后端较宽，腹缘略直，背缘呈弓形。壳顶前方具明显的小月面。壳表黑褐色或黑紫色，生长线细而明显。足丝孔位于壳腹缘前方，足丝细丝状，较发达。

7. 栉孔扇贝（*Chlamys farreri*）

双壳纲。壳大，呈圆扇形。背缘较直，腹缘圆形。两耳不等，前大后小，右壳前耳有足丝孔和数枚细栉齿。左壳凹，右壳平。壳表具明显的放射肋和生长线；左壳有主要放射肋 10 条左右，极发达，右壳有主要放射肋 25～30 条；主要放射肋上有棘状突起，之间有较小放射肋。足丝细，较发达。

8. 缢蛏（*Sinonovacula constricta*）

双壳纲。贝壳长形，壳顶位于背缘，略靠前端。壳中央稍偏前方有一条自壳顶至腹缘的斜沟，状如缢痕。与回沟相应地有一条突起。壳薄而脆。壳面黄绿色或黄褐色，成体表皮常被磨损脱落成白色，生长纹清晰。

9. 菲律宾蛤仔（*Ruditapes philippinarum*）

双壳纲。贝壳卵圆形，壳质坚厚，壳顶在背缘前方，壳面灰黄色或灰白色，壳面同心生长轮脉及放射脉细密，两端呈布纹状，两壳各有主齿 3 枚。

10. 日本枪乌贼（*Loligo japonica*）

头足纲。俗称墨鱼，胴部圆锥形，后部削直，胴长约为胴宽的 4 倍。肉鳍位于胴后两侧，左右肉鳍相接呈菱形。腕有吸盘两行。体表灰白色或肉色，具大小相同的近圆形紫褐色斑。

11. 长蛸（*Octopus variabilis*）

头足纲。胴部椭圆形，体表光滑，具极细的色素斑点。眼前方无金色圈。腕长形，长度相差较大，腕具吸盘两行。

12. 柔鱼（*Ommatostrephes*）

头足纲。具内壳，腕5对，吸盘具柄，其中有一对足特别长。漏斗呈管状，鳃一对。与枪乌贼的最大差别是眼是否闭合（即眼睑是否将眼球完全覆盖）：柔鱼为开眼类而枪乌贼为闭眼类。

【作业与思考】

1）记录不同水温下河蚌心搏动的变化过程，并绘坐标图，用曲线表示心每分钟搏动次数（心率）与温度的关系。

2）通过实验观察，总结河蚌的哪些形态结构与它水生底栖的生活方式相适应？

3）绘制或拍摄、打印河蚌内部结构图，并标注。

4）调查当地农贸市场中的软体动物种类。

实验六　蛔虫和环毛蚓的形态结构比较及其他线虫动物、环节动物

在动物体结构与机能的演变过程中，假体腔动物形成了原始的体腔（假体腔），出现了完全的消化系统。环节动物是高等无脊椎动物的开始，出现了比假体腔更为进步的真体腔，身体分节，具有疣足和刚毛等运动器官。真体腔的出现还促进了闭管式循环系统及按体节排列的后肾管的发生，从而使各种器官系统趋向复杂，机能增强。将蛔虫与环毛蚓的结构进行比较，有助于理解动物进化过程中各器官系统的结构和机能的发展变化。

【实验目的】

1）学习蠕虫的解剖方法。

2）通过对蛔虫的解剖与观察，了解假体腔动物的基本特征及蛔虫对寄生生活的适应。

3）通过对环毛蚓的解剖与观察，了解真体腔动物的基本特征及环毛蚓对穴居生活的适应。

4）通过蛔虫与环毛蚓的比较，了解环节动物的进步性特征，以及动物形态结构与机能演化发展的进化历程，辨析出假体腔和真体腔动物的差异。

5）认识常见的线虫动物和环节动物。

【实验内容】

1）蛔虫的外形观察、内部解剖，以及横切面玻片标本的观察。

2）环毛蚓的外形观察、内部解剖，以及横切面玻片标本的观察。

3）蛔虫与环毛蚓外部形态及内部结构的比较。

4）识别常见的线虫动物和环节动物。

【实验材料与用品】

（一）材料

蛔虫浸制标本，环毛蚓浸制标本，雌性蛔虫横切面玻片标本，雄性蛔虫横切面玻片标本，环毛蚓横切面玻片标本，其他常见的线虫动物和环节动物浸制标本。

（二）用品

放大镜，蜡盘，尖头镊，解剖剪，解剖针，大头针，普通光学显微镜，洗瓶。

【操作与观察】

两人一组，每人选取一种实验材料为主进行实验操作，两人配合，一边操作一边互相观察。

（一）蛔虫的外部形态及内部构造

1. 蛔虫的外部形态

取雌、雄蛔虫的浸制标本用清水冲洗、浸泡，除去药液后置于蜡盘中，用肉眼和放大镜观察。蛔虫身体呈细长圆筒形，向两端渐细。前端稍钝圆，后端稍尖；雌雄异形。雌虫较粗大，长20～35cm，身体末端不弯曲。雄虫较小，长15～30cm，身体末端向腹面弯曲（图6-1）。

蛔虫身体最前端的中央有口，用放大镜观察，可见口呈三瓣状。虫体乳白色，体表光滑，有很多细横纹，沿身体两侧各有一条明显的白色纵行侧线，背面与腹面中央也各有一条不明显的纵线，分别为背线与腹线。雌虫身体近后端腹面约2mm处，有一横裂的肛门，体前端腹面约1/3处有一凹陷，为雌性生殖孔。雄虫雄性生殖孔与肛门合一，称为泄殖孔，有时可见两根交合刺由泄殖孔伸出（图6-2）。

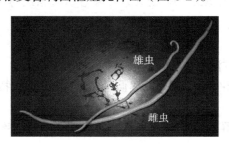

图6-1 蛔虫的外形

图6-2 蛔虫的前端和后端（引自贺秉军和赵忠芳，2018）
A. 口（示唇瓣）；B. 体表横纹；C. 雄虫尾部交合刺

2. 蛔虫的内部解剖和观察

分清蛔虫的前、后端，背、腹面，将蛔虫背部向上放置在蜡盘中，先用大头针固定其前、后端，右手用解剖针或大头针从虫体前端略偏背中线处自前向后小心划开体壁直到体末端。解剖针不要刺入太深，以免损坏内部器官。然后用镊子将体壁向左右展开，将大头针倾斜45°，并以适当的间隔将虫体固定在蜡盘中。向蜡盘中加适量清水浸没虫

体，以免体内器官干燥而影响观察，先进行原位
观察，然后用解剖针小心将器官稍加分离，分系
统进行辨认。

（1）消化系统（图 6-3） 位于蛔虫体内的
中央，从前至后有一条浅黄色的扁平直管，即为
消化道。最前端为口，口后方连接肌肉质的咽。
咽后为扁管状的肠。肠近末端为直肠，二者在形
态上无明显差异。雌性消化道末端以肛门开口于
体外。雄性直肠末端与生殖导管汇合后，由泄殖
腔孔通向体外。

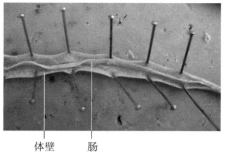

体壁　肠

图 6-3　蛔虫的肠

（2）排泄系统 蛔虫的排泄系统属于原肾管型。排泄管呈"H"形，一对纵行的
排泄管位于侧线中，在咽部由一横管相连，肉眼不可见。

（3）生殖系统 蛔虫为雌雄异体（图 6-4）。在蛔虫假体腔内有一团曲折盘绕的
细管，即为生殖管。用解剖针和镊子仔细分离缠绕在消化管周围的生殖器官，边分离边
观察。

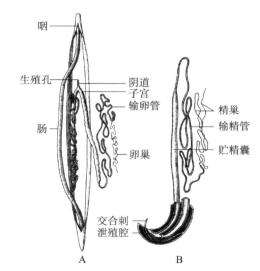

图 6-4　蛔虫的生殖系统（引自刘凌云和郑光美，2010）

A. 雌虫；B. 雄虫

1）雄性生殖器官：生殖器官为一条细长管状结构。

A. 精巢：体中部近前端管的游离端，细长而弯曲的部分为精巢。

B. 输精管：位于精巢的后方，但两者界限不明显。

C. 贮精囊：位于输精管后方，膨大较粗的管状结构。

D. 射精管：贮精囊的末端变细，成为富含肌肉质的射精管。

E. 泄殖腔：射精管进入直肠末端的泄殖腔，由泄殖孔通向体外。

F. 交接刺：泄殖腔的背方有两个肌肉质的小囊（交接刺囊），囊内各有一个交接刺，
有时可见交接刺由泄殖孔伸出体外。

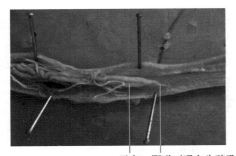

子宫　　阴道（通向生殖孔）

图 6-5　雌蛔虫的子宫和阴道

2）雌性生殖器官：生殖器官为两条细长管状结构。

A. 卵巢：体中部后端最细的游离端为卵巢。

B. 输卵管：位于卵巢后端，逐渐加粗而半透明的一段是输卵管。

C. 子宫：位于输卵管后端，较粗大、呈白色的部分是子宫（图 6-5）。

D. 阴道：两子宫汇合成一短而细的阴道。

E. 生殖孔：阴道末端通至生殖孔，开口于身体前端腹面 1/3 处。

（4）神经系统　　蛔虫的神经系统由位于咽部的围咽神经环和由此向前、向后发出的 6 条神经索组成，不易观察。

3. 蛔虫的横切面玻片标本的观察

取蛔虫横切面玻片标本，放在低倍显微镜下观察（图 6-6）。

（1）体壁　　体壁由角质层、表皮层和肌肉层组成。

1）角质层：位于身体最外层，是一层无细胞结构的膜。较厚，染色较浅，由其下的一层上皮细胞分泌而成。

2）表皮层：位于角质层内侧，细胞界限不分明成为合胞体，仅可见颗粒状的细胞核及纵行纤维，常被染为浅紫色。

表皮层在背、腹、左、右分别加厚向内突出，形成 4 条纵行的体线，即背线、腹线及两条侧线。

A. 背线及腹线：位于身体背面及腹面正中的两条线，线条很细，二者形状完全相同。末端膨大呈圆形的部分为背神经索和腹神经索，腹神经索比背神经索粗，可以此区分背线和腹线。

B. 侧线：位于身体两侧。两条侧线的形状与构造完全相同。侧线内可见细小中空的排泄管的切面。

3）肌肉层：位于表皮层以内，较厚，被 4 条体线分隔成 4 个部分，每个部分由许多纵肌细胞组成。每个纵肌细胞可分成两部分，基部为收缩部，端部为原生质部。

A. 收缩部：纵肌细胞的基部含横行细纤维，染色较深，富有弹性，有收缩机能，称为收缩部。

B. 原生质部：纵肌细胞端部呈泡状，伸入假体腔，内含细胞核，染色较浅的部分称为原生质部。

（2）肠　　肠位于横切面的近中央位置，靠近背侧，呈扁圆形，管腔较大，肠壁由单层柱状上皮细胞组成，细胞核位于基底面，即靠近假体腔的一侧，肠管外无肌肉包围。肠中间的空隙称肠腔，肠腔的内面有内角质膜。

（3）假体腔　　假体腔为肠与体壁之间的空隙，腔内除肠管外，充满生殖器官。

（4）生殖器官　　蛔虫雌雄异体。假体腔内除了消化管外，其周围是生殖器官的切面。

    1）雌蛔虫：假体腔内管径最小，数目最多，形似车轮，中央有轴，其内的卵原细胞呈放射状排列的为卵巢；管径较粗，中央无轴，内有许多卵细胞的为输卵管。因输卵管较短，有些切面中可能看不到。管径最粗的两个是子宫，腔内充满近成熟的卵细胞。

    2）雄蛔虫：假体腔内染色较深，数量较多，管径较小的是精巢；染色较浅，管径稍粗大，内有颗粒状精细胞的是输精管；管径大，有明显的空腔，腔内含大量长条形精子的是贮精囊。

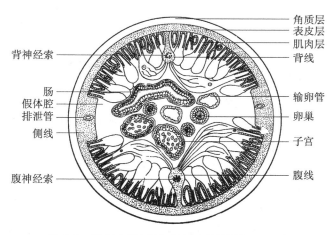

图 6-6　雌蛔虫横切面（引自江静波等，1982）

（二）环毛蚓的外部形态及内部构造

1. 环毛蚓的外部形态

    取环毛蚓的浸制标本用清水冲洗、浸泡，除去药液后置于蜡盘中，用肉眼和放大镜观察（图 6-7）。可见环毛蚓身体呈细长圆筒形，有明显的分节，身体由许多相似的体节组成，节与节之间有节间沟，除第 1 节和最后一节外，各节的中央环颜色略浅，其上环生有一圈刚毛，可用手触摸或用放大镜观察。身体可分为背、腹面及前、后端。背面颜色较深，腹面色浅。前端微膨大，后端细而圆。口位于身体最前端，有口的一节为围口节，围口节前端有小的突出褶皱，称为口前叶，有摄食、掘土和感觉的功能。口前叶和围口节构成了环毛蚓的头部。身体末端纵裂状的开口为肛门。除前几节外，身体背中线上两体节之间的节间沟处有一个小孔，称为背孔。背孔与体腔相通，体腔液可从背孔排出。若不易观察，可在蜡盘中加水浸没环毛蚓，用手指轻轻挤压环毛蚓身体两侧，有液体溢出的地方即为背孔。

    对于性成熟的个体，自虫体前端开始数至第 14～16 节有棕红色隆肿的生殖环带，环带处节间沟不明显，体表变厚，可分泌黏液形成卵袋。在环带的第 1 节，即第 14 节的正中有一小孔，为雌性生殖孔。第 18 节腹面两侧有 1 对乳头状突起，是生殖乳突，雄性生殖孔开口在其中，由此孔向异体输送精子。观察腹面前部，在 7/8、8/9、9/10 体节之间的节间沟两侧，有 3 对很小的开口，为受精囊孔，用来接受异体输送的精子，并在卵袋经过时释放精子。

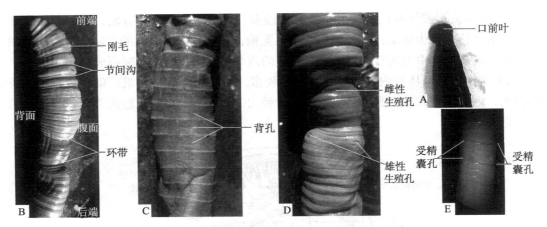

图 6-7　环毛蚓的外部形态（引自王戎疆等，2018）
A. 口前叶；B. 体前部特征；C. 背孔；D. 雌性、雄性生殖孔；E. 受精囊孔

2. 环毛蚓的内部解剖和观察

将环毛蚓背部朝上，用左手食指与中指轻捏住环毛蚓的前端，以拇指及其余手指拿着标本的中段，在前 1/3 处的背中线稍偏右处剪一小口，注意不要剪太深，只剪开体壁，不要伤及内部器官，再将剪刀尖略伸入剪开的小口，向前沿身体背中线略偏右侧将体壁剪开，剪刀尖稍向上挑起，以免损伤内部器官。剪至前 3～4 体节时更需小心，以免伤及脑神经节。用两根大头针，在环带中央即第 15 节两侧向外倾斜约 45° 插入蜡盘，将体壁固定在蜡盘上，然后小心地用镊子向两侧掀开体壁，可见体腔中相当于体表节间沟处均有隔膜，将体腔分隔成许多小室。用解剖针划开肠管与体壁之间的隔膜，将剪开的体壁向两侧展开，并在近切口处用大头针将体壁钉在蜡盘上，约每 5 节钉一根大头针，左右两边的大头针应交错分布，并使针头向外倾斜约 45°，以便于观察内部结构，注意不要划伤内部器官。第 19 节往前的隔膜越来越厚，需用眼科剪将隔膜剪开。向蜡盘中加适量清水浸没环毛蚓，以免体内器官干燥而影响观察。

（1）消化系统（图 6-8）　位于体腔中央的一条纵贯全身的粗大管道即为环毛蚓的消化道。由前至后依次观察。

1）口：消化管的最前端为口。

2）口腔：口后方的囊形小腔，位于第 1～3 节。观察时注意不要切开，以免损坏围咽神经。

3）咽：位于第 4～5 节，口腔后方，呈梨形膨大，肌肉发达。

4）食道：位于第 6～8 节，咽后方的薄壁直管，短而细，具有食道腺，可分泌钙质。

5）嗉囊：食道通入一薄壁的嗉囊，位于第 9 节的前部，不明显，暂时储存和软化食物。食道和嗉囊均被肌肉质的节间膜包围。

6）砂囊：位于第 9～10 节，嗉囊的后方，球状或桶状，壁厚而坚硬，肌肉发达，用以研磨食物，易辨认，观察时可先找到砂囊，再依此向前或向后观察其他结构。

7）胃：位于第 11～14 节，短，比肠略细。

8）肠：自第 15 节后均为肠，管粗而直，直达虫体后端至肛门，是重要的消化和吸收部位。

9）盲肠：在第26节处，肠的两侧各有一个向前突出的锥形小盲囊即为盲肠，是消化腺。

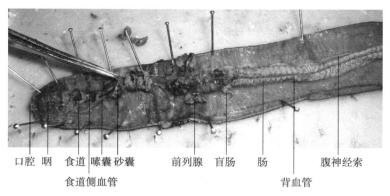

口腔　咽　食道　嗉囊砂囊　　前列腺　盲肠　肠　　　　腹神经索
　　　　　食道侧血管　　　　　　　　　　　　背血管

图6-8　环毛蚓的内部结构

（2）排泄系统　　环毛蚓的排泄系统为后肾管型，数目众多，每体节有一对，但肉眼不可见。

（3）循环系统　　环毛蚓的循环系统为闭管式循环，血液内含有血红素，经福尔马林固定后血管常呈紫黑色。主要由一条背血管、一条腹血管、两条食道侧血管、一条神经下血管和4对连接背腹血管的环血管组成。

1）背血管：位于消化管背面正中央的一条长血管。

2）环血管：连接背血管和腹血管的环血管，较粗，管壁富含肌肉，可节律性跳动，也称为"心"。共4对，分别在第7、第9、第12及第13节内。

3）腹血管：用镊子将消化管轻轻挑起，或将其拨向一侧，可见位于消化管腹面正中央的一条略细的血管，即腹血管，从第10节起有分支到体壁上。

4）食道侧血管：位于身体前端消化管两侧的一对较细的血管。向后行至第15节时，左右两条血管向下绕过消化管在腹神经索下方汇合为一条神经下血管。

5）神经下血管：位于腹神经索下面的一条很细的血管。在第15节的后方，小心地挑起肠管和腹神经索，即可看到此血管。

（4）生殖系统　　环毛蚓为雌雄同体，较为复杂（图6-9，图6-10）。

1）雄性生殖器官。

A. 贮精囊：两对，位于第11、第12节内，紧接在精巢囊之后。围绕消化道的两侧和背面，两对分叶的囊状，白色，大而明显，精子在此发育成熟。

B. 精巢囊：两对，位于第10、第11节内，贮精囊的腹面。观察时需用镊子将第10～11节和第11～12节之间的隔膜轻轻拉起，在近腹中线，腹神经两侧可见白色的球形结构为精巢囊。每个精巢囊包含一个精巢和一个精漏斗。用解剖针戳破精巢囊，置水中，用水轻轻冲去囊内物，在体视显微镜下可见精巢囊前方内壁上有小白点状物，即精巢；囊内后方白色花朵状结构为精漏斗，由此向后通向输精管。第10节的精巢与第11节的贮精囊相通，第11节的精巢与第12节的贮精囊相通。

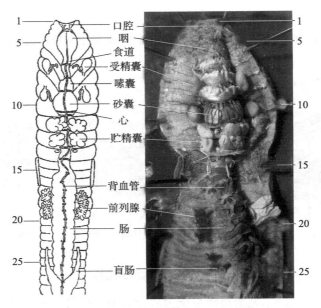

图 6-9　环毛蚓的内部结构（引自王戎疆等，2018）

图中数字表示节数

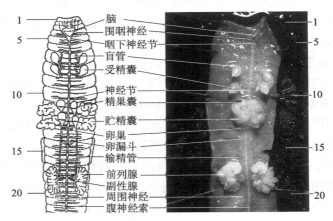

图 6-10　环毛蚓的生殖系统和神经系统（引自王戎疆等，2018）

图中数字表示节数

C. 输精管：细线状，由精漏斗分别发出两条输精管，起始端较粗，后行渐细，两侧的输精管并行于腹神经索两侧，到达第 18 节后与前列腺管汇合，由雄性生殖孔开口于体外。

D. 前列腺：位于第 17～19 节的消化管的两侧，一对，较大，有很多分叶的黄白色腺体。前列腺管在第 18 节与输精管汇合，开口于雄性生殖孔。

2）雌性生殖器官。

A. 卵巢：一对，位于第 13 节腹面前方，紧贴于 12/13 节的隔膜后方，腹神经索的两侧，白色绒球状腺体。

B. 卵漏斗：一对，靠近 13/14 节隔膜之前，腹神经索两侧，卵巢下方很小的喇叭状结构。

C.输卵管：一对，位于第 14 节的腹面，卵漏斗后方极短的管。

D.雌性生殖孔：两条输卵管弧形弯曲，穿过隔膜在第 14 节腹神经索下方汇合后通至雌性生殖孔。上述雌性生殖器官肉眼均不可见，需借助体视显微镜进行解剖和观察。

E.受精囊：因种类不同其数目为 2～4 对不等，位于 5/6～8/9 节的隔膜前后，每个受精囊由长椭圆形囊（梨状坛）、一条短管（坛管）和一条盲管组成，盲管末端开口于受精囊孔。受精囊的作用为接收和储存异体精子。

（5）神经系统　　用解剖针和镊子小心剥除口腔和咽周围的肌肉、横隔膜、肠和贮精囊等，暴露腹神经索后进行观察。

1）脑：白色，位于第 3 节前部，在咽的前端背面，两个横向并列的灰白色神经节，称为咽上神经节，即为脑。

2）围咽神经：一对，由脑分向两侧，绕咽下行，称为围咽神经，构成围咽神经环。

3）咽下神经节：两侧围咽神经在咽下方汇合处的神经节，较大，可用镊子将咽向后方掀起再观察。

4）腹神经索：链状，灰白色，由咽下神经节向后直达虫体末端。每一体节都有一个略膨大的神经节，由神经节发出的神经分支到体壁和内脏器官。

3.环毛蚓的横切面玻片标本的观察（图 6-11）

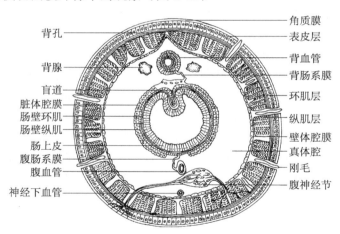

图 6-11　环毛蚓横切面（引自江静波等，1982）

取环毛蚓横切面玻片标本，放在低倍显微镜下观察。

（1）体壁　　体壁由外向内包括角质膜、表皮层、肌层（环肌层、纵肌层）和壁体腔膜。有时可见刚毛自体壁伸出体表。

1）角质膜：位于身体最外层，薄而透明，是一层非细胞结构的薄膜。

2）表皮层：位于角质膜的内侧，由单层柱状上皮细胞组成，细胞间有感觉细胞和腺细胞，可分泌形成外侧的角质膜，也可分泌黏液，使体表润滑。

3）肌层：表皮层之内为体壁肌肉层，可分为两层，外层较薄、环形排列的是环肌层；内层较厚、纵向排列的为纵肌层。

4）壁体腔膜：紧贴纵肌层之内的是一层由单层扁平上皮细胞构成的壁体腔膜。

（2）肠　　肠位于横切面中央。肠壁最内层由单层柱状上皮细胞组成，其外围有两层很薄的肌肉层：内层为环肌；外层为纵肌。肌肉层的外面有一层具有较多褶皱的脏体腔膜（黄色细胞组成的黄色细胞层）。若切片是自环毛蚓盲肠以后的横切面，可见肠壁背面下凹形成一槽，称为盲道。盲道的出现扩大了消化吸收面积。

（3）真体腔　　真体腔位于体壁和肠壁之间，即壁体腔膜和脏体腔膜之间的空腔为真体腔。真体腔内，在肠管的背面有染成红色的背血管，腹面有腹血管，腹血管之下有一腹神经索，腹神经索下有一神经下血管。

（三）其他常见种类

1. 其他常见的线虫动物、轮形动物和线形动物

（1）人蛲虫（*Enterobius vermicularis*）　　线虫动物，成虫寄生于人的盲肠、结肠、直肠等部位，附于肠黏膜上。虫体细小，线头状，乳白色，两端尖细，前端两侧的角质膜膨大形成翼膜，食道末端呈球形。雌雄异体，雌虫较长，长 8～13mm，后端长而尖细；雄虫较小，长 2～5mm，后端向腹侧卷曲。

（2）十二指肠钩虫（*Ancylostoma duodenale*）　　线虫动物，成虫寄生于人体小肠内，引起贫血，在我国，钩虫是严重危害人类健康的五大寄生虫之一。虫体细小，长约 1cm，口囊发达，内有两对钩齿。雌雄异体，雌虫较大，尾端呈尖锥形；雄虫较小，尾端角质膜扩张、膨大形成交合伞。

（3）班氏丝虫（*Wuchereria bancrofti*）　　线虫动物，成虫寄生在人的淋巴系统内，引起"象皮肿"，也是我国五大人类寄生虫之一。虫体乳白色，细长丝状，雌虫长约 75mm，雄虫 40mm。体表光滑。头端呈球形膨大，口在头顶正中，周围有两圈乳突。雄虫泄殖腔周围有数对乳突，具长、短交合刺各一根。雌虫尾端钝圆，略向腹面弯曲。雌性生殖系统为双管型，子宫粗大，内含大量卵细胞，几乎充满虫体。幼虫寄生于血液中，称为微丝蚴（microfilaria），体微小，长圆筒形，头端钝圆，尾端尖细。

（4）鞭虫（*Trichuris*）　　线虫动物，虫体后部粗，前部约 3/5 细长如鞭，寄生在人或动物的肠道内。

（5）轮虫（*Rotaria* sp.）　　轮形动物，体微小，与原生动物大小相似，纵长型，大多长 100～500μm，最小的只有 40μm 左右，最大的可达 4mm。身体透明，外被角质膜，头部具有头冠，咽部膨大为咀嚼囊，尾部末端有趾。身体可似套筒样伸缩。轮虫为淡水浮游动物的主要类群之一，是鱼类的重要饵料。

（6）铁线虫（*Gordius aquaticus*）　　线形动物，虫体细长，成虫长 10～30cm，直径 0.3～2.5mm，像一团生锈的铁丝。幼虫寄生在昆虫体内，当这些昆虫落入水中时，成虫即离开宿主，营自由生活。

2. 其他常见的环节动物

（1）沙蚕（*Nereis* sp.）　　多毛纲。海产，自由生活，体长圆柱形，后端尖，头部发达，由口前叶和围口节组成，头部口前背面有两个黑色眼点，前缘有一对小触手，腹侧有一对大的触须，均为感觉器官，围口节的侧缘有两对触须；躯干部由许多体节组成，每一体节两侧均有一对疣足，最后一节无疣足而有尾须。沙蚕多栖息于潮间带，也有生

活在深海的种类。

（2）毛翼虫（*Chaetopterus variopedatus*） 多毛纲。常栖息于潮间带泥沙滩。体外有"U"形管，两端开口于地面。身体由不同形状的体节组成：前部的 10 个体节扁平，有口前叶与触须，旁有 9 对疣足，第 10 背肢变成 1 对翼状体。第 12～16 体节腹面均有腹吸盘及扇状体。身体后部有明显的体节与疣足，节数不定。夜间可发磷光。

（3）水丝蚓（*Limnodrilus* sp.） 寡毛纲。为细长无鳃的水生蚓。生活时红褐色，有的种可长达 55mm，宽只有 0.5～1mm。体节可达 160～205 节。环带位于第 11 节和第 12 节的前 1/2。雄孔一对，位于第 11 节腹面的两侧；雌孔一对，位于腹面 11/12 节的节间沟内；受精囊孔一对，位于第 10 节腹面两侧。刚毛每节 4 束。

（4）金线蛭（*Whitmania laevis*） 蛭纲。生活在水田、池塘、湖泊、水流缓慢的河流中，吸食人畜血液。体扁平，前端较细，后端略粗。体表有许多横纹为体环，体前端两侧有 5 对黑点状的眼。体前、后腹面各有一个吸盘，后吸盘较大，口位于前吸盘的中央，肛门位于后吸盘的背面体节的末端。

【作业与思考】

1）通过对蛔虫和环毛蚓的比较，分析无脊椎动物消化系统、排泄系统、循环系统、神经系统的演化发展方向。

2）通过对蛔虫与环毛蚓的比较解剖观察，分析哪些器官系统的结构与功能的演化发展和真体腔的形成有关。

3）根据实验观察到的特征，分析蛔虫、环毛蚓的哪些特征是与其寄生生活、穴居生活相适应的？

4）为什么说环节动物是高等的无脊椎动物？

实验七　螯虾和棉蝗的形态结构比较及其他节肢动物

节肢动物种类多、数量大、分布广，是动物界中的第一大类群，约占动物总数的 85%，也是无脊椎动物中登陆取得完全成功的类群，同时又与人类生活密切相关。其中，螯虾（*Cambarus* sp.）和棉蝗（*Chondracris rosea*）分别为适应水生生活的甲壳类和适应陆生生活的昆虫类两大类群的代表动物，对它们外部形态和内部结构的比较，不仅能充分反映动物身体结构与功能相适应，并与环境密切相关，而且能反映动物进化中器官系统的演变及此演变与生活环境的联系，进一步说明了节肢动物进化与广泛适应的主要特征。

【实验目的】

1）掌握虾类和昆虫的内部解剖方法。

2）通过对螯虾和棉蝗外形和内部结构的观察，了解节肢动物种类多、数量大、分布广的原因，掌握甲壳类和昆虫分别适应水生生活和陆生生活的特征。

3）认识甲壳类常见经济种类，以及常见益虫及害虫。

【实验内容】

1）螯虾外形和内部结构的观察。

2）棉蝗外形和内部结构的观察。

3）螯虾和棉蝗的比较。

4）认识常见种类。

【实验材料与用品】

（一）材料

活螯虾，棉蝗新鲜浸制标本，其他常见的节肢动物种类的干制标本。

（二）用品

显微镜，放大镜，解剖器具，解剖盘，载玻片，盖玻片，培养皿。

（三）试剂

甘油。

【操作与观察】

（一）螯虾的外形和内部结构观察

1. 外形

螯虾身体由 21 个体节构成，分为头胸部和腹部，体表被以坚硬的几丁质外骨骼，深红色或红黄色，颜色随年龄而不同（图 7-1）。

（1）头胸部　　长度约为体长的一半，由头部（6 节）与胸部（8 节）愈合而成，外被头胸甲（*有何作用？）。头胸甲前部中央有一背腹扁的三角形突起，称额剑，其边缘有锯齿。头胸甲的近中部有一弧形横沟，称颈沟，为头部和胸部的分界线。颈沟后方，头胸甲两侧部分称为鳃盖，鳃盖下方与体壁分离形成鳃腔。在额剑基部两侧有一对复眼，着生在眼柄上。在复眼下方有一对小触角，小触角的两侧为一对大触角。

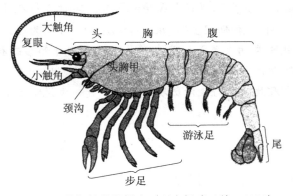

图 7-1　螯虾的外部形态（引自杨琰云等，2005）

（2）腹部　　螯虾的腹部短而背腹扁，体节明显为 6 节，各节的外骨骼可分为背面的背板、腹面的腹板及两侧的侧板（*各体节间如何连接？对虾的运动有何作用？）。

第6节末端的尾节扁平，腹面正中有一纵裂缝，为肛门。(*棉蝗的身体部分有何不同？)

（3）附肢　　除第1体节和尾节无附肢外，螯虾共19对附肢。左手持虾，腹面向上，右手持镊，先观察各附肢着生位置，然后从最后一个附肢（尾扇）依次向前，垂直摘取，并按顺序排列在解剖盘上（*螯虾附肢，特别是步足，较坚硬，摘取时用镊子钳住其基部，垂直拔出，保持完整又不损伤内部结构）。再用放大镜自前向后依次观察。

1）头部附肢共5对（图7-2）。

A. 小触角：原肢3节，末端有两根短须状触鞭。触角基部背面有一凹陷容纳眼柄，凹陷内侧丛毛中有平衡囊。

B. 大触角：原肢两节，基节的基部腹面有排泄孔。外肢呈片状（*有何功能？），内肢成一细长的触鞭。（*大、小触角各有何功能？）

C. 大颚：原肢坚硬，形成咀嚼器，分扁而边缘有小齿的门齿部和齿面有小突起的臼齿部（*有何功能？）；内肢形成很小的大颚须，外肢消失。

D. 小颚：两对。原肢两节，薄片状（*有何功能？），内缘具毛。第1对小颚内肢呈小片状，外肢退化；第2对小颚内肢细小，外肢宽大叶片状，称颚舟叶。（*有何功能？）

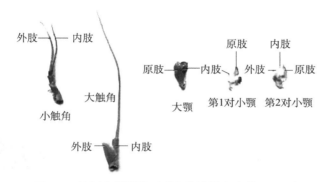

图 7-2　螯虾头部附肢（引自黄诗笺和卢欣，2013）

2）胸部附肢共8对（图7-3），原肢均两节。

图 7-3　螯虾胸部附肢（引自黄诗笺和卢欣，2013）

A.颚足：3 对。第 1 对颚足外肢基部大，末端细长，内肢细小。外肢基部有一薄片状肢鳃。第 2 对和第 3 对颚足内肢发达，分 5 节，屈指状，外肢细长。足基部都有羽状的鳃。(＊颚足有何功能？)

B.步足：5 对。原肢两节。内肢发达，分 5 节，即座节、长节、腕节、掌节和指节，外肢退化。前 3 对末端为钳状，第 1 对步足的钳特别强大，称螯足；其余两对步足末端呈爪状（＊各步足有何功能？注意各足基部鳃的着生情况）。雄虾的第 5 对步足基部内侧各有一个雄生殖孔，雌虾的第 3 对步足基部内侧各有一个雌生殖孔。

3）腹部附肢：共 6 对（图 7-4）。

A.腹肢：前 5 对扁平片状，称游泳足。原肢两节。前两对腹肢雌雄有别。雄虾第 1 对腹肢变成管状交接器，雌虾的退化；雌虾第 2 对腹肢细小，外肢退化。雌虾和雄虾第 3、第 4、第 5 对腹肢形状相同，内、外肢细长而扁平，密生刚毛。

B.尾肢：一对。内、外肢特别宽阔呈片状，外肢比内肢大，有横沟分成两节。尾肢与尾节构成尾扇。(＊运动中有何作用？)

思考从外形上如何区分雄虾和雌虾。比较螯虾和棉蝗附肢数目和分布的不同，以及附肢形态结构的异同点。

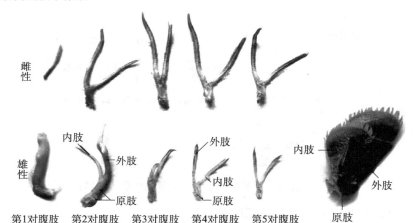

图 7-4　螯虾腹部附肢（引自黄诗笺和卢欣，2013）

2.内部结构

螯虾内部结构如图 7-5 所示分为以下几个部分。

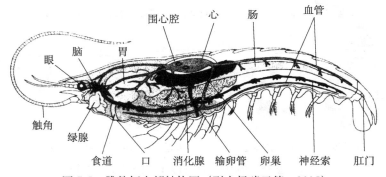

图 7-5　雌螯虾内部结构图（引自杨琰云等，2005）

（1）呼吸系统　　用剪刀剪去螯虾头胸甲的右侧鳃盖，可见到一排白色的絮状物，即呼吸器官（鳃）。鳃共有7对，位于颚足和步足的基部。结合已摘下的左侧附肢上鳃的着生情况，原位用镊子稍作分离并同时观察鳃腔内着生在第2对颚足至第4对步足基部的足鳃，以及体壁与附肢间关节膜上的关节鳃和着生在第1对颚足基部的肢鳃。（*各鳃分别有何特点和功能？比较螯虾和棉蝗呼吸器官的形态结构和分布。）

观察完呼吸系统后，先用眼科剪剪断头胸甲与背甲的连接，然后轻掀头胸甲，仔细地将其与下面的器官剥离开，再用剪刀自后向前剪去背方的头胸甲。然后用剪刀自前向后，沿腹部两侧背板与侧板交界剪除腹部背方外骨骼。

（2）肌肉　　肌肉呈束状并往往成对分布。观察肌肉附着于外骨骼内的情况。（*螯虾的肌肉属于哪种类型？此类肌肉与螯虾的运动有何关联？螯虾和棉蝗的肌肉有何共同特征？）

（3）循环系统　　螯虾的循环系统为开管式，主要观察心和动脉。

1）心：位于头胸部后端背侧的围心窦内，为半透明、多角形的肌肉囊，撕开围心膜可见。用放大镜观察，在心的背面、前侧面和腹面，各有一对心孔，心孔不易找到，也可最后摘取后置于体视显微镜下观察。（*比较螯虾和棉蝗心所在位置和结构，有何异同？）

2）动脉：细且透明。用镊子轻轻提起心，可见心发出7条血管。由心前行的动脉有5条：由心前端发出一条前大动脉；在前大动脉基部两侧发出一对触角动脉；在触角动脉外侧发出一对肝动脉。由心后端发出一条腹上动脉，在腹部背面，沿后肠背方后行到腹部末端。在胸腹交接处，腹上动脉基部，心发出一条弯向胸部腹面的胸直动脉，达神经索腹方后，再向前、后分为两支：向前的一支为胸下动脉；向后的一支为腹下动脉。另外，透过腹面体壁可见腹中线处有一条暗绿色条纹，是体壁内侧的神经下动脉。（*螯虾和棉蝗动脉的复杂程度是否相同？）

（4）生殖系统　　螯虾为雌雄异体。摘除心，即可见到生殖腺。

1）雄性：精巢一对，位于围心窦腹面。白色，呈3叶状：前部分离为两叶；后部合并为一叶。每侧精巢发出一条细长的输精管，其末端开口于第5对步足基部内侧的雄生殖孔。

2）雌性：卵巢一对，位于围心窦腹面，性成熟时为淡红色或淡绿色，浸制标本呈褐色。颗粒状，分3叶：前部两叶，后部一叶，其大小随发育时期不同而有很大差别。卵巢向两侧腹面发出一对短小的输卵管，开口于第3对步足基部内侧的雌生殖孔。在第4、第5对步足间的腹甲上，有一纵行开口，即受精囊。

（5）消化系统　　用镊子轻轻移去生殖腺，可见其下方左右两侧各有一团淡黄色腺体，即为肝。移除肝，可见肠管前接囊状的胃。胃可分为位于体前端、壁薄的贲门胃（透过胃壁可看到胃内有深色食物）和其后较小、壁略厚的幽门胃。剪开胃壁，观察贲门胃内由3个钙齿组成的胃磨及幽门胃内刚毛着生的情况（*它们各有何功能？）。轻提胃，可见贲门胃前连有一短管，即食管，食管前端连接由口器包围的口腔。幽门胃后接中肠，有肝管与之相通。中肠之后即为贯穿整个腹部的后肠，后肠位于腹上动脉腹方，略粗（透过肠壁可见内有深色食物残渣），以肛门开口于尾节腹面。

（6）排泄系统　　去除胃后，在大触角基部的体壁内侧，可见一对扁圆形的结构，为成虾的排泄器官，生活时呈绿色，故又称绿腺。用镊子小心地将圆球拨出，可见腺体通出一根细长的排泄管，基部膨大形成膀胱，通向触角基部内壁，开口在大触角的腹侧基部。（＊螯虾和棉蝗排泄器官有何差异？）

（7）神经系统　　除保留食管外，将头胸部其他内脏器官和肌肉全部除去，小心地沿中线剪开胸部底壁，便可看到身体腹面正中线处有一条白色索状物，即为虾的腹神经链。食道左右两侧可见一对白色的围食管神经。在食管之上，可见较大白色的脑神经节。围食管神经向后与腹神经链连接处有一大白色结节，为食管下神经节。自食管下神经节沿腹神经链向后端剥离，可见链上还有多个白色神经节。（＊这些神经节与腹部体节有何对应关系？与棉蝗的神经系统比较，二者有何共同特点？）

（二）棉蝗的外形和内部结构观察

将浸制标本用清水冲洗、浸泡，除去药液后置解剖盘内。

1. 外形

棉蝗一般体呈青绿色，浸制标本呈黄褐色。体表被有几丁质外骨骼。身体可明显分为头、胸、腹三部分。雌雄异体，雄虫比雌虫小（图 7-6）。

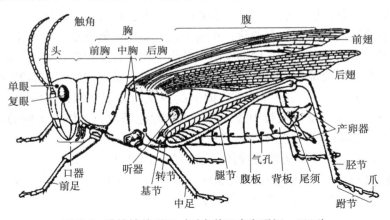

图 7-6　雌棉蝗外形图（引自姜云垒和冯江，2006）

（1）头　　头位于身体最前端，卵圆形，其外骨骼愈合成一坚硬的头壳。头壳的正前方为略呈梯形的额，额下连唇基，额上方为头顶；头的两侧部分为颊；头顶和颊之后为后头（图 7-7）。头具有下列器官。

1）眼：棉蝗具有一对复眼和 3 个单眼。

A. 复眼：椭圆形，棕褐色，较大，位于头顶左右两侧。

B. 单眼：形小，黄色。一个在额的中央，两个分别在两复眼内侧上方，3 个单眼排成一个倒"品"字形。（＊复眼和单眼各有何视觉功能？）

2）触角：一对，位于额上部两复眼内侧，细长丝状，由柄节、梗节及鞭节组成，鞭节又分为许多亚节。

3）口器：咀嚼式口器。左手拇指和食指将头夹稳，腹面向上，右手持镊子自前向后摘取（图 7-8），用放大镜观察。（＊口器各部分各有何功能？）

A. 上唇：一片，连于唇基下方，覆盖着大颚，可活动。上唇略呈长方形，其弧状下缘中央有一缺刻；外表面硬化，内表面柔软。

B. 大颚：为一对坚硬棕黑色的几丁质块，位于颊的下方，口的左右两侧，被上唇覆盖。两大颚相对的一面有齿：下部为切齿部；上部为臼齿部。（＊分别有何作用？）

C. 小颚：一对，位于大颚后方，下唇前方。小颚基部分为轴节和茎节，轴节连于头壳，其前端与茎节相连。茎节端部外侧呈匙状，为外颚叶，内侧具齿，为内颚叶。茎节中部外侧具一根细长 5 节的小颚须。（＊各部分有何作用？）

D. 下唇：一片，位于小颚后方，口器的底板。下唇的基部称为后须，后须后部称亚颏，与头相连；前部称颏，颏前端连接能活动的前颏。前颏端部有一对瓣状的唇舌，两侧有一对具 3 节的下唇须。（＊各部分有何作用？）

E. 舌：位于大、小颚之间，为口前腔中央的一个近椭圆形的囊状物，表面有毛和细刺。

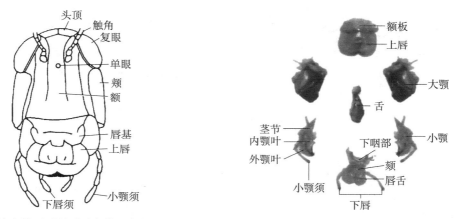

图 7-7　棉蝗头部正面观（引自姜云垒和冯江，2006）　图 7-8　棉蝗的咀嚼式口器（引自李海云，2014）

（2）胸　头后为胸，胸由 3 节组成，分别为前胸、中胸和后胸。每胸节各有一对足，中、后胸各有一对翅。

1）外骨骼：坚硬，几丁质骨板，分别为背方的背板、腹方的腹板和两侧的侧板。

A. 背板：前胸背板发达，从两侧向下扩展成马鞍形，几乎盖住整个侧板，后缘中央伸至中胸的背面；其背面有 3 条横缝线向两侧下伸至两侧中部，背面中央隆起呈屋脊状。中、后胸背板较小，被两翅覆盖。

B. 腹板：前胸腹板在两足间有一囊状突起，向后弯曲，称前胸腹板突。中、后胸腹板合成一块，但明显可分。

C. 侧板：前胸侧板位于背板下方前端，为一个三角形小骨片。中、后胸侧板发达。在前胸与中胸、中胸与后胸侧板交界处各有一对气门。

2）附肢：胸部各节依次着生前足、中足和后足各一对。前足和中足较小，为步行足，后足强大，为跳跃足。各足均由基节、转节、腿节、胫节、跗节、前跗节 6 肢节构成。（＊通过螯虾和棉蝗附肢的比较，说明附肢形态结构与其机能的相互联系。）

3）翅：两对。前翅着生于中胸，革质，形长而狭，休息时覆盖在背上，称为覆翅。后翅着生于后胸，休息时折叠而藏于覆翅之下，膜质，薄而透明，翅脉明显，注意观察其脉相。

（3）腹　　腹由 11 个体节组成。

1）外骨骼：只由背板和腹板组成，侧板退化为连接背、腹板的侧膜。一对椭圆形膜状听器位于第 1 腹节两侧。雌、雄蝗虫第 1～8 腹节形态构造相似，在背板两侧下缘前方各有一个气门。第 9、第 10 两节背板较狭，无腹板。第 11 节背板呈三角形，为肛上板，盖着肛门。第 10 节背板的后缘、肛上板的左右两侧有一对小突起，即尾须，雄虫的尾须比雌虫的大；两尾须下各有一个三角形的肛侧板。腹部末端还有外生殖器（图 7-9）。（＊比较螯虾和棉蝗外骨骼形态构造的共同点。）

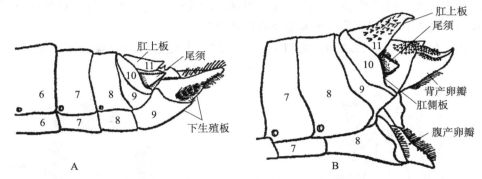

图 7-9　棉蝗尾部（引自姜云垒和冯江，2006）
A. 雄虫；B. 雌虫。图中数字为体节数

2）外生殖器。

A. 雌虫的产卵器：雌虫第 9 节和第 10 节无腹板，第 8 节腹板特长，其后缘的剑状突起称导卵突起，后有一对尖形的腹产卵瓣（下产卵瓣）；在背侧肛侧板后也有一对尖形的产卵瓣，为背产卵瓣（上产卵瓣），背产卵瓣和腹产卵瓣构成产卵器。

B. 雄虫的交配器：雄虫第 9 节腹板发达，向后延长并向上翘起形成匙状的下生殖板，下压下生殖板，可见内有一突起，为交尾器。

2. 内部解剖

移除翅和足，从腹部末端尾须处开始，自后向前沿气门上方将左右两侧体壁剪开，剪至前胸背板前缘；然后剪开头与前胸间的颈膜和腹部末端的背板。将蝗虫背面向上置解剖盘中，用解剖针自前向后小心地将背壁与其下方的内部器官分离开。最后用镊子将完整的背壁取下。依次观察下列器官系统（图 7-10）。

（1）循环系统　　用放大镜观察取下的背壁内面中央，有一条半透明的细长管状构造，为心。8 个略膨大的心室，按节排列，两侧为扇形翼状肌。心前端连一根细管，即大动脉。心两侧有扇形的翼状肌。（＊棉蝗循环系统的主要功能是什么？棉蝗与螯虾循环系统有何异同？）

（2）呼吸系统　　气门 10 对（已在外形部分观察）。自气门向体内，可见许多白色分枝的小管分布于内脏器官和肌肉中，即为气管；在内脏背面两侧还有许多膨大的气囊（＊有何作用？）。用镊子撕取胸部肌肉少许，加水制成临时装片，置显微镜下观察，可

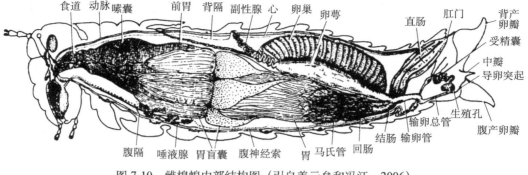

食道
动脉
嗉囊
前胃
背隔
副性腺
心
卵巢
卵萼
直肠
肛门
背产卵瓣
受精囊
中瓣
导卵突起
生殖孔
输卵总管
腹产卵瓣
结肠
输卵管
回肠
马氏管
胃
腹神经索
胃盲囊
唾液腺
腹隔

图 7-10 雌棉蝗内部结构图（引自姜云垒和冯江，2006）

看到许多小管，即气管，其管壁内膜有几丁质螺旋纹（* 螺旋纹有何作用？）。比较螯虾与棉蝗的循环系统和呼吸系统有何差异，为什么有这些差异？

（3）生殖系统　棉蝗为雌雄异体异形。

1）雄性生殖器官（图 7-11）。

A. 精巢：位于腹部消化管的背方，一对，左右相连成一长椭圆形结构，由两列合在一起组成。

B. 输精管和射精管：精巢腹面两侧向后伸出一对输精管，分离周围组织可看到，两管绕到消化管腹方汇合成一条较粗的射精管，射精管穿过下生殖板，开口于阳茎末端。

C. 副性腺和贮精囊：射精管前端两侧，有两丛细管状腺体，即副性腺。仔细将副性腺的细管拨散开，还可看到一对贮精囊，通入射精管基部。

2）雌性生殖器官（图 7-12）。

系带
精巢
输精管
副性腺
射精管

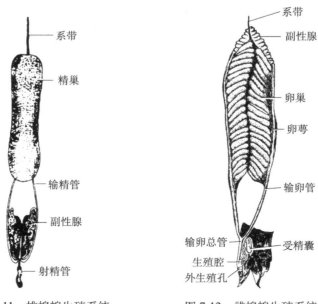

图 7-11 雄棉蝗生殖系统
（引自姜云垒和冯江，2006）

系带
副性腺
卵巢
卵萼
输卵管
输卵总管
受精囊
生殖腔
外生殖孔

图 7-12 雌棉蝗生殖系统
（引自姜云垒和冯江，2006）

A. 卵巢：位于腹部消化管的背方，一对，由许多自中线斜向后方排列的卵巢管组成。

　　B. 卵萼和输卵管：卵巢两侧有一对略粗的纵行管，各卵巢管与之相连，此即卵萼，是产卵时暂时贮存卵粒的地方，卵萼后行为输卵管。两条输卵管在身体后端绕到消化管腹方汇合成一条输卵总管，经生殖腔开口于腹产卵瓣之间的生殖孔。

　　C. 受精囊：自生殖腔背方伸出一弯曲小管，其末端形成一个椭圆形囊，即受精囊。

　　D. 副性腺：为卵萼前端的弯曲的管状腺体。

　　（4）消化系统　　消化系统由消化管和消化腺构成，消化管可分为前肠、中肠和后肠。前肠之前有由口器包围而成的口前腔，口前腔之后是口。用镊子移去精巢或卵巢后进行观察。

　　1）前肠：自咽至胃盲囊，包括口后的一个的短肌肉质咽、咽后的食道、食道后膨大囊状管道嗉囊及嗉囊后略细的前胃。

　　2）中肠：又称胃，在与前胃交界处向前后各伸出 6 个指状突起的胃盲囊。（* 胃盲囊有何作用？）

　　3）后肠：包括与胃连接的较粗回肠，回肠之后有较细小、常弯曲的结肠和结肠后部较膨大的直肠，直肠末端开口于肛门，肛门在肛上板之下。

　　4）消化腺：由一对唾液腺构成，位于胸部嗉囊腹面两侧，是乳白色的葡萄串状结构，有一对导管前行，汇合后通向口前腔。（* 有哪些与陆生生活适应的特征？）

　　（5）排泄器官　　排泄器官为马氏管，着生在中、后肠交界处。将虫体浸入培养皿内的水中，用放大镜观察，可见马氏管是许多细长的盲管，分布在血体腔中。（* 如何区分气管和马氏管？马氏管怎样排出代谢废物？螯虾和棉蝗的排泄器官有何不同？）

　　（6）神经系统　　中枢神经系统包括脑、围食道神经、食道下神经节和腹神经索。将消化管除去（保留食道），在胸部和腹部腹板中央线处的白色神经索，即腹神经索，由两股组成，在一定部位合并成神经节，并发出神经通向其他器官（* 有多少个神经节？各在什么部位？）。在食道两侧可见白色围食道神经，绕过食道后，与腹神经索的第一个神经节——食道下神经节相连。

　　用剪刀剪开两复眼间的头壳，剪去头顶和后头的头壳，但保留复眼和触角；再用镊子小心地除去头壳内的肌肉，可见位于两复眼之间的淡黄色块状脑。

（三）节肢动物示范种类

　　1. 三疣梭子蟹（*Portunus trituberculatus*）

　　软甲纲。头胸甲呈梭形，前侧缘各有 9 个锯齿，最后一个长、大而左右突出。头胸甲茶绿色，并具紫红色斑纹，具 3 个显著隆起。螯肢发达，长节内缘具 4 个锐刺，第 5 步足为游泳足。渤海广泛分布，重要食用蟹。

　　2. 鼠妇（*Porcellio* sp.）

　　软甲纲。身体长圆形，5～15mm，能卷曲为球形。头节侧叶甚发达，胸节后侧缘多为内凹，第 2 触角较长，可达第 3 胸节，尾节较长，尾肢侧缘有明显的凹陷，第 1、第 2 腹肢外肢具伪气管。

　　3. 大腹园蛛（*Araneus ventricosus*）

　　蛛形纲。体大型，雌蛛长达 30mm，灰褐色。头胸部的背面具有单眼 4 对。头胸部具有 6 对附肢：第 1 对为螯肢；第 2 对为触肢，雄性的触肢具有交配功能；其余 4 对为步足，上有刚毛，末端有爪，用以爬行。腹部很大，不分节，在屋檐、庭园、树丛间结大型车轮状垂直圆网。

4. 异色灰蜻（*Orthetrum melania*）

昆虫纲。前后翅基具深褐色或黄色斑，后翅斑大、近三角形。雄虫灰色。翅透明，翅脉黑色，翅痣黑褐色。足黑具刺。腹部第 1～7 节灰色，其余腹节、肛附器黑色。雌虫黄色。颜面褐色。上唇黑，基缘具两个黑色斑。头顶黑色、后头褐色，前胸黑色，前叶上缘黄色。背板中央有两个黄色斑；腹部第 1～6 节黄色，两侧有黑色斑，第 7 节和第 8 节黑色。

5. 薄翅螳螂（*Mantis religiosa*）

昆虫纲。体长 45～55mm，淡绿色或茶褐色。头三角形。丝状触角细长，雄性的比雌性粗。前胸背板侧缘齿列不明显，前端中央无纵沟。腹部细长。后翅长略超过前翅；雌虫前翅略带革质，雄虫薄而透明。前足捕捉足，基节等于或略长于前胸背板后半部，内侧基部黑色长圆形斑约占 1/3 基节长度；腿节内侧有一个黄色圆斑，周围淡黄色。生活在植物上，捕食松毛虫、蛾类等昆虫。

6. 斑衣蜡蝉（*Lycorma delicatula*）

昆虫纲。体附有白色蜡质粉，体长 14～17mm。前翅小，基部淡褐色、顶端黑色，翅面有 20 余个黑色斑点；后翅基部鲜红色，顶端黑色，有 7 或 8 个黑色斑点。为害果树及农作物。

7. 黑带食蚜蝇（*Episyrphus balteatus*）

昆虫纲。体中型，形似蜜蜂，具鲜明色斑。头大，触角 3 节，芒状，红黄色。胸部背面黑色，灰白色粉被间有 4 条黑纵纹，外侧两条宽阔伸达后缘。腹部棕黄色被淡黄色毛，各背板中央有黑色横带；腹面黄色，第 2、第 4 腹板有圆形黑斑。部分翅脉与翅外缘平行。幼虫体末端有长呼吸管，故称鼠尾蛆。为各种蚜虫的天敌。

8. 大臭蝽（*Eurostus validus*）

昆虫纲。大型，深褐色或棕红色。头顶有皱纹，侧片长于中片。触角 4 节。单眼红色。前胸背板及小盾片中部有皱纹，中胸小盾片大。为害果树。

9. 大草蛉（*Chrysopa septempunctata*）

昆虫纲。体黄绿色。头部有 2～7 个黑斑，常见为 4 或 5 斑。唇基两侧各有一个线斑。触角下各有一个大黑斑。翅透明，端部尖；翅脉网状、多黑毛，大部分为黄绿色，但前翅前缘横列及翅后缘基半部翅脉为黑色。捕食害虫。

10. 七星瓢虫（*Coccinella septempunctata*）

昆虫纲。体长 5～7mm，卵圆形。头黑色，小，藏于前胸下。触角短锤状。额与复眼连接缘上各有一个圆形淡黄色斑。复眼黑色，内侧有淡黄色小点。鞘翅橙红色或橙黄色，有 7 个星斑，位于小盾片下方的斑由两鞘翅每边一半组成。鞘翅基部靠小盾片两侧各有一个小三角形白斑，足黑色。捕食蚜虫等。

11. 家蚕（*Bombyx mori*）

昆虫纲。体中型，纯白色。无吻、单眼。触角双栉齿状。后足胫节仅有一对短距。

前翅第 2 中脉自中室尖端正中发出。幼虫食桑叶。重要饲养昆虫。

12. 菜粉蝶（*Pieris rapae*）

昆虫纲。前、后翅基部黑，有白色边缘，顶角有三角形黑斑，近外线处有两个圆形黑斑。幼虫俗名菜青虫，圆柱形，细长，绿色，头大，表面有很多小突起及次生毛，每体节有 4～6 环。主要为害十字花科植物。

13. 中华蜜蜂（*Apis cerana*）

昆虫纲。体褐红色，有密毛，雄性复眼椭圆形。前、中足各有一个端距，后足无端距，为携粉足。前翅狭，有 3 个亚缘室，前缘室长，腹部毛少，第 6 节弯曲，有小齿。雌虫具螫针。

14. 马陆（millipede）

倍足纲。又称千足虫、千脚虫。体节两两愈合（双体节），除头节无足，头节后的 3 个体节每节有足一对外，其他体节每节有足两对，足的总数可多至 200 对。除前 4 节外，每对双体节含两对内部器官，两对神经节及两对心动脉。头节含触角、单眼及大、小腭各一对。体节数各异，从 11 节至 100 多节不等，体长 20～28cm。除一个目外，所有马陆均有钙质背板。

15. 蜈蚣（*Scolopendra subspinipes*）

唇足纲。呈扁平长条形。由头部和躯干部组成，全体共 22 个环节。头部暗红色或红褐色，略有光泽，两侧贴有颚肢一对，前端两侧有触角一对。自第 4 背板至第 20 背板上常有两条纵沟线；腹部淡黄色或棕黄色，皱缩；自第 2 节起，每节两侧有步足一对；最末一对步足尾状，故又称尾足，易脱落。

16. 蚰蜒（*Scutigera coleoptrata*）

唇足纲。比蜈蚣小，体短而微扁，棕黄色。全身分 15 节，每节足一对，最后一对足特长。足易脱落。气门在背中央。触角长。毒颚很大。栖息于房屋内外阴湿处，捕食小动物。我国常见的为花蚰蜒，或称大蚰蜒。

【作业与思考】

1）通过对螯虾外形和内部结构的观察，总结甲壳类动物水生生活的特征。

2）通过对棉蝗外形和内部结构的观察，总结昆虫适应陆生生活的特征。

3）通过螯虾和棉蝗的比较，试述节肢动物各器官系统的多样性及与其生活方式的适应性。

4）初步总结节肢动物是动物界种类最多、数量最大、分布最广的一类动物的原因。

实验八　昆虫的分类

昆虫纲是节肢动物门中最大的一个纲，也是动物界中最大的一个纲，占动物界种数的 80% 以上。昆虫不但种类多，且同种个体数也极大。昆虫分布极广，几乎地球上任何角落都有昆虫栖息，与人类生活有着密切关系。昆虫纲动物种类多，分类复杂，分目通常依据口器、触角、足、翅及发育过程的变态类型等。

【实验目的】

1）学习昆虫分类的方法，掌握昆虫的重要分类依据。

2）掌握检索表的使用方法，学会编制简单的分类检索表。

3）掌握昆虫纲重要目的鉴别特征，并认识常见种类。

【实验内容】

1）观察识别昆虫的触角、翅、足、口器和变态类型等重要分类特征。

2）依据分类特征，使用检索表，将待鉴定昆虫鉴定到目。

3）认识常见种类，掌握昆虫重要目的特征。

【实验材料与用品】

（一）材料

各昆虫成虫针插标本，部分卵块，幼虫和蛹的浸制标本，不同变态类型的昆虫生活史标本，实验中采集的校园昆虫标本。

（二）用品

体视显微镜，放大镜，镊子，解剖针等。

【操作与观察】

（一）昆虫纲的重要分类特征

1. 昆虫的口器

昆虫口器的形式多种多样（＊为什么？），常见的有以下几种。

（1）咀嚼式口器　　最原始的口器形式，适用于取食固体食物，如棉蝗的口器。

（2）刺吸式口器　　口器的各部延成针状，相互抱握成一针管，用以吸食液汁，如蚊、蝉等的口器。

（3）嚼吸式口器　　上颚为咀嚼花粉的颚齿状，其余下颚、舌及下唇都延长并合拢成一适于吮吸的食物管，如蜜蜂的口器。

（4）虹吸式口器　　口器的大部分结构退化，仅下颚外颚节延长并左右合抱而成管状，且可在用时伸出，不用时盘卷成发条状，如蝶、蛾类的口器。

（5）舐吸式口器　　上下颚退化，由头壳一部分及下唇等延长成基喙及喙，喙的末端有唇瓣，其上具有许多环沟，与食管相通，能吸取液体食物，或从舌中唾液管流出唾液，溶解食物后再吸食，如蝇类的口器多属于此。

2. 昆虫的触角

昆虫头部着生有一对触角，不同的昆虫，或同种昆虫不同性别的个体，触角的形态可能不同，但均由柄节、梗节及鞭节 3 节组成，鞭节又由若干亚节组成且形态上有较大的变化，而形成不同的触角类型。常见的有以下几种（图 8-1）。

（1）刚毛状触角　　鞭节纤细似一根刚毛，如蜻蜓、豆娘、蝉等的触角。

（2）丝状触角　　鞭节各节细长，无特殊变化，如蝗虫的触角。在一些种类中，细

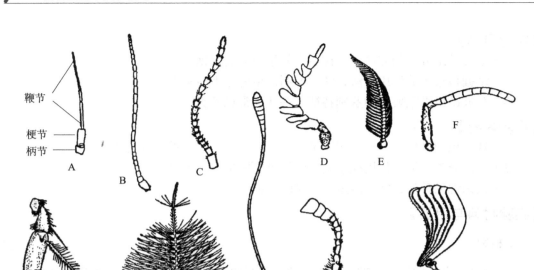

图 8-1　昆虫的触角类型（引自刘凌云和郑光美，2009）

A.刚毛状触角；B.丝状触角；C.念珠状触角；D.锯齿状触角；E.双栉齿状触角；F.膝状触角；G.具芒触角；H.环毛状触角；I.球杆状触角；J.锤状触角；K.鳃片状触角

长如丝，如蠡蝗、蟋蟀等的触角。

（3）念珠状触角　鞭节各节呈圆球状，如白蚁等的触角。

（4）锯齿状触角　鞭节各节的端部有一短角突出，因而整个形态似锯条，如叩头虫、芫菁等的触角。

（5）栉齿状触角　鞭节各节的端部向一侧有一长突起，因而呈栉（梳）状，如一些甲虫、蛾类雌虫的触角。

（6）羽状（双栉齿状）触角　鞭节各节端部两角均有细长突起，因而整个形状似羽毛，如雄家蚕蛾的触角。

（7）膝状触角　鞭节与梗节之间弯曲呈一角度，如蚂蚁、蜜蜂的触角。

（8）具芒触角　鞭节仅一节，肥大，其上着生有一根芒状刚毛，如蝇类的触角。

（9）环毛状触角　鞭节各节近基部着生一圈刚毛，如摇蚊的触角。

（10）球杆状触角　鞭节末端数节逐渐稍稍膨大，似棒球杆，如蝶类的触角。

（11）锤状（头状）触角　鞭节末端数节突然强烈膨大，如露尾虫、郭公虫等的触角。

（12）鳃片状触角　鞭节各节具一片状突起，各片重叠在一起时似鳃片，如金龟子的触角。

3.昆虫的足

昆虫的前胸、中胸和后胸各具一对足。胸足有 6 节，即基节、转节、腿节、胫节、跗节及前跗节（图 8-2），其中跗节常可分为 2～5 个亚节。常见有以下几种。（*不同类型的足与各自的生活方式有何关系？）

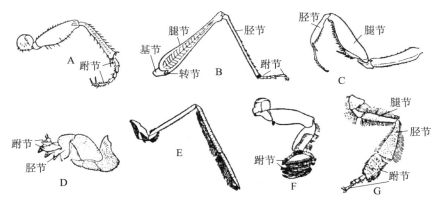

图 8-2　昆虫足的类型（引自刘凌云和郑光美，2009）
A. 步行足；B. 跳跃足；C. 捕捉足；D. 开掘足；E. 游泳足；F. 抱握足；G. 携粉足

（1）步行足　　各节均细长，无特殊变化，适于步行或疾走，如蟑螂、步行甲的足。

（2）跳跃足　　腿节长而膨大，内有发达的肌肉；胫节长而多刺，适于跳跃，如蝗虫、蟋蟀等的后足。

（3）捕捉足　　基节长、大；腿节发达，腹面有沟，沟的两边缘皆具刺；胫节腹面也具刺两排，故能有效地挟持猎物和捕食，如螳螂的前足。

（4）开掘足　　各节粗短强壮。胫节宽扁，端部有 4 个发达的齿；跗节 3 节，着生在胫节外侧，呈齿状，如蝼蛄的前足。

（5）游泳足　　胫节和跗节皆扁平呈桨状，边缘具长毛，适于游泳，如龙虱的后足。

（6）抱握足　　跗节分 5 节：前 3 节膨大，边缘有缘毛，每节有横走的吸盘多列；后 2 节很小，末端具 2 爪，如雄龙虱的前足。

（7）携粉足　　各节均具长毛，胫节端部扁宽，背面光滑而凹陷，边缘有长毛，形成花粉篮；跗节分 5 节，第 1 节膨大，内侧具有数列横列的硬毛，可梳集粘在体毛上的花粉；胫节与跗节相接处的缺口为压粉器，如蜜蜂的后足。

（8）攀缘足　　胫节、跗节和爪能合抱，可以握持毛发，如虱的足。

4. 昆虫的翅

翅的有无、对数、发达程度、质地和被覆物是昆虫分类的重要依据。昆虫常见的翅的类型有以下几种。

（1）膜翅　　膜质，薄而透明，翅脉清晰可见，如蜜蜂的前、后翅，多数昆虫的后翅等。

（2）革翅　　革质，稍厚而有弹性，半透明，翅脉仍可见，如直翅目昆虫（蝗虫、蟋蟀）的前翅。

（3）鞘翅　　角质，厚而硬化，不透明，翅脉不可见，如鞘翅目甲虫的前翅。

（4）半鞘翅　　基部厚而硬，角质；端部薄而透明，膜质，具翅脉，如蝽类的前翅。

（5）鳞翅　　膜质，表面密被由毛特化而来的鳞片，如蝶、蛾类的翅。

（6）毛翅　　膜质，表面密布刚毛，如襀翅目昆虫（石蝇）的翅。

（7）缨翅　　膜质，狭长，边缘着生缨状刚毛，如蓟马的翅。

（8）平衡棒　　双翅目昆虫（蚊、蝇等）的后翅退化而成，呈一对棍棒状。

（9）拟平衡棒　　捻翅目雄虫的前翅特化呈细长扭曲的棍棒状。

5. 昆虫的变态

变态是昆虫胚后发育的重要特点之一，也是昆虫的重要分类依据。常见的变态类型有以下几种。

（1）不完全变态　　虫体自卵孵化后，经过幼虫期便可发育为成虫。不完全变态又可分为渐变态与半变态两种类型。

1）渐变态：幼虫与成虫相比，除大小不同、性器官未成熟及翅还停留在翅芽阶段外，没有其他明显差别，这种幼虫称为若虫，如蝗虫。

2）半变态：幼虫与成虫相比，在形态上有较大的区别，还具有一些临时性器官，生活环境也可能不同（如幼虫水生，成虫陆生），这种幼虫称为稚虫，如蜉蝣、蜻蜓。

（2）完全变态　　虫体自卵孵出后，经幼虫、蛹发育为成虫。幼虫与成虫不仅形态完全不同，生活方式及生活环境也多不一致，且中间经过一个不食不动的蛹期，如鳞翅目、鞘翅目、膜翅目等。

（二）昆虫纲分目检索及常见昆虫的识别

昆虫检索表的使用方法：在检索表中列有数字1、2、3等，每个数字后都列有两条对立的特征描述。仔细观察待鉴定昆虫的形态特征，从第1条查起，两条对立特征中哪一条与待鉴定的昆虫一致，就按该条后面所指出的数字继续查下去，直到查出目为止。使用《昆虫（成虫）主要目检索表》，将待鉴定昆虫标本分类到所属的目。

昆虫（成虫）主要目检索表

1. 翅无或极退化 ……………………………………………………………………… 2

　翅2对或1对 …………………………………………………………………… 23

2. 无足，幼虫状，头和胸愈合；内寄生于膜翅目、半翅目及直翅目等昆虫体内，仅头胸部露出寄主腹节外雌雄异形 …………………… 捻翅目（雌）（Strepsiptera）

　有足，头和胸不愈合，不寄生于昆虫体内 ……………………………………… 3

3. 腹部除外生殖器和尾须外，有其他运动附肢 ………………………………… 4

　腹部除外生殖器和尾须外，无其他运动附肢 ………………………………… 7

4. 无触角；腹部12节，前3节各有1对短小的附肢；体微小 …… 原尾目（Protura）

　有触角；腹部最多11节 …………………………………………………………… 5

5. 腹部最多6节，第1腹节具腹管；第3腹节有握弹器，第4或第5腹节有一分叉的弹器，但有些种类的握弹器和弹器退化 ……………… 弹尾目（Collembola）

　腹部多于6节，无上述附肢，但有成对的刺突或泡 …………………………… 6

6. 腹部末端有 1 对长而分节的尾须或坚硬不分节的尾铗，无中尾丝和复眼 ··············
··· 双尾目（Diplura）

　腹部末端除 1 对尾须外还有 1 条长而分节的中尾丝；有复眼 ··· 缨尾目（Thysanura）

7. 口器咀嚼式 ··· 8

　口器刺吸式或舐吸式、虹吸式等 ····································· 18

8. 腹部末端有 1 对尾须或尾铗 ·· 9

　腹部末端无尾须 ··· 15

9. 尾须铗状，坚硬不分节 ·· 革翅目（Dermaptera）

　尾须不呈铗状 ·· 10

10. 前足第一跗节特别膨大，能纺丝 ································· 纺足目（Embioptera）

　　前足第一跗节不特别膨大，不能纺丝 ·· 11

11. 前足捕捉足 ·· 螳螂目（Mantodea）

　　前足非捕捉足 ·· 12

12. 后足跳跃足 ··· 直翅目（Orthoptera）

　　后足非跳跃足 ·· 13

13. 体扁，卵圆形；前胸背板很大，向前延伸至少覆盖头部大部分 ··············
··· 蜚蠊目（Blattaria）

　　体非卵圆形；前胸背板小，头部外露 ·· 14

14. 体细长杆状 ··· 竹节虫目（Phasmatodea）

　　体非杆状，社会性昆虫 ··································· 等翅目（Isoptera）

15. 跗节最多 3 节 ··· 16

　　跗节 4 节或 5 节 ·· 17

16. 触角 3～5 节，寄生于鸟类或兽类体表 ·························· 食毛目（Mallophaga）

　　触角 13～15 节，非寄生性 ······························· 啮虫目（Corrodentia）

17. 腹部第 1 节并入后胸，第 1 节和第 2 节之间紧缩呈柄状 ··· 膜翅目（Hymenoptera）

　　腹部第 1 节不并入后胸，第 1 节和第 2 节之间不紧缩为柄状 ············
··· 鞘翅目（Coleoptera）

18. 体密被鳞片，翅全部或部分被有鳞片，口器虹吸式 ······· 鳞翅目（Lepidoptera）

　　体无鳞片；口器刺吸式、舐吸式等或退化 ·································· 19

19. 跗节 5 节 ··· 20

　　跗节最多 3 节 ··· 21

20. 体左右侧扁 ··· 蚤目（Siphonaptera）

　　体不侧扁 ··· 双翅目（Diptera）

21. 跗节端部有能伸缩的泡，爪很小 ························· 缨尾目（Thysanoptera）

　　跗节端部无能伸缩的泡 ··· 22

22. 足具 1 爪，适于攀附在毛发上，外寄生于哺乳动物 ·········· 虱目（Anoplura）

　　足具 2 爪；如具 1 爪则寄生于植物上，极不活泼或固定不动，体呈球状，介壳状

等，常被有蜡质、胶质等分泌物 …………………………………………… 同翅目（Homoptera）
23. 翅 1 对 ………………………………………………………………………………………… 24
　　翅 2 对 ………………………………………………………………………………………… 32
24. 前翅或后翅特化成平衡棒 …………………………………………………………………… 25
　　无平衡棒 ……………………………………………………………………………………… 27
25. 前翅形成平衡棒，后翅大 ……………………………………… 捻翅目（雄）（Strepsiptera）
　　后翅形成平衡棒，前翅大 …………………………………………………………………… 26
26. 跗节 5 节 ………………………………………………………………………… 双翅目（Diptera）
　　跗节仅 1 节（雄介壳虫）……………………………………………………… 同翅目（Homoptera）
27. 腹部末端有 1 对尾须 ………………………………………………………………………… 28
　　腹部末端无尾须 ……………………………………………………………………………… 30
28. 尾须细长分节，或更有 1 条相似的中尾丝；翅竖立背上 ………… 蜉蝣目（Ephemerida）
　　尾须短小不分节，无中尾丝；翅平覆在腹部背面 ………………………………………… 29
29. 跗节 5 节，后足非跳跃足，体细长杆状或扁宽叶状 ……… 竹节虫目（Phasmatodea）
　　跗节 4 节以下，后足为跳跃足 ……………………………………………… 直翅目（Orthoptera）
30. 前翅角质，口器咀嚼式 …………………………………………………… 鞘翅目（Coleoptera）
　　翅膜质，口器非咀嚼式 ……………………………………………………………………… 31
31. 翅上有鳞片 ………………………………………………………………… 鳞翅目（Lepidoptera）
　　翅上无鳞片 …………………………………………………………………… 缨翅目（Thysanoptera）
32. 前翅全部或部分较厚，为角质或革质，后翅膜质 ………………………………………… 33
　　前翅与后翅均为膜质 ………………………………………………………………………… 40
33. 前翅基半部为角质或革质，端半部为膜质 ……………………………… 半翅目（Hemiptera）
　　前翅基部与端部质地相同，或虽局部较厚但不如上所述 ………………………………… 34
34. 口器刺吸式 ………………………………………………………………… 同翅目（Homoptera）
　　口器咀嚼式 …………………………………………………………………………………… 35
35. 前翅有翅脉 …………………………………………………………………………………… 36
　　前翅无明显翅脉 ……………………………………………………………………………… 39
36. 跗节 4 节以下，后足为跳跃足或前足为开掘足 ………………………… 直翅目（Orthoptera）
　　跗节 5 节，后足与前足不如上所述 ………………………………………………………… 37
37. 前足捕捉足 ………………………………………………………………… 螳螂目（Mantodea）
　　前足非捕捉足 ………………………………………………………………………………… 38
38. 前胸背板很大，向前延伸至少覆盖头部大部分 ………………………… 蜚蠊目（Blattaria）
　　前胸背板小，头部外露；体似杆状或叶片状 ………………… 竹节虫目（Phasmatodea）
39. 腹部末端有 1 对尾铗；前翅短小，不能盖住腹部中部 …… 革翅目（Dermaptera）
　　腹部末端无尾铗；前翅一般较长，至少盖住腹部大部分 … 鞘翅目（Coleoptera）
40. 翅至少部分被有鳞片，口器虹吸式或退化 ……………………… 鳞翅目（Lepidopera）
　　翅无鳞片，口器非虹吸式 …………………………………………………………………… 41

41. 口器刺吸式 ┈┈┈┈┈┈┈┈┈┈┈┈┈┈┈┈┈┈┈┈┈┈┈┈┈┈┈┈┈┈ 42
　　口器咀嚼式、嚼吸式或退化 ┈┈┈┈┈┈┈┈┈┈┈┈┈┈┈┈┈┈┈┈ 44
42. 下唇形成分节的喙，翅缘无长毛 ┈┈┈┈┈┈┈┈┈┈┈┈┈┈┈┈┈ 43
　　无分节的喙；翅极狭长，翅缘有缨状长毛 ┈┈┈┈ 缨翅目（Thysanoptera）
43. 喙自头的前方伸出 ┈┈┈┈┈┈┈┈┈┈┈┈┈┈┈┈┈ 半翅目（Hemiptera）
　　喙自头的后方伸出 ┈┈┈┈┈┈┈┈┈┈┈┈┈┈┈┈┈ 同翅目（Homoptera）
44. 触角极短小，刚毛状 ┈┈┈┈┈┈┈┈┈┈┈┈┈┈┈┈┈┈┈┈┈┈┈ 45
　　触角长而显著，非刚毛状 ┈┈┈┈┈┈┈┈┈┈┈┈┈┈┈┈┈┈┈┈ 46
45. 尾须细长多节，或更有 1 条相似的中尾丝；后翅很小 ┈┈ 蜉蝣目（Ephemerida）
　　尾须短而不分节，无中尾丝；后翅与前翅大小相似 ┈┈ 蜻蜓目（Odonata）
46. 头部向下延伸呈喙状 ┈┈┈┈┈┈┈┈┈┈┈┈┈┈┈┈┈ 长翅目（Mecoptera）
　　头部不延长成喙状 ┈┈┈┈┈┈┈┈┈┈┈┈┈┈┈┈┈┈┈┈┈┈┈ 47
47. 前足第 1 跗节特别膨大，能纺丝 ┈┈┈┈┈┈┈┈┈┈┈ 纺足目（Embioptera）
　　前足第 1 跗节不特别膨大，不能纺丝 ┈┈┈┈┈┈┈┈┈┈┈┈┈┈ 48
48. 前、后翅几乎相等，翅基部有 1 条横的肩缝，翅易沿此缝脱落 ┈┈┈等翅目（Isoptera）
　　前、后翅无肩线 ┈┈┈┈┈┈┈┈┈┈┈┈┈┈┈┈┈┈┈┈┈┈┈┈ 49
49. 后翅前缘有 1 排小钩形成的翅钩列，用以和前翅相连 ┈┈┈ 膜翅目（Hymenoptera）
　　后翅前缘无翅钩列 ┈┈┈┈┈┈┈┈┈┈┈┈┈┈┈┈┈┈┈┈┈┈┈ 50
50. 跗节 2 或 3 节 ┈┈┈┈┈┈┈┈┈┈┈┈┈┈┈┈┈┈┈┈┈┈┈┈┈ 51
　　跗节 5 节 ┈┈┈┈┈┈┈┈┈┈┈┈┈┈┈┈┈┈┈┈┈┈┈┈┈┈┈ 52
51. 前胸很大，腹部末端有 1 对尾须 ┈┈┈┈┈┈┈┈┈┈┈ 襀翅目（Plecoptera）
　　前胸很小如颈状，无尾须 ┈┈┈┈┈┈┈┈┈┈┈┈┈┈┈ 啮虫目（Corrodentia）
52. 翅密被明显的毛，口器（上颚）退化 ┈┈┈┈┈┈┈┈┈ 毛翅目（Trichoptera）
　　翅无明显的毛，毛仅着生在翅脉和翅缘上；口器（上颚）发达 ┈┈┈┈┈┈┈ 53
53. 后翅基部宽于前翅，具发达的臀区，休息时后翅臀区纵向折叠；头为前口式 ┈┈
　　┈┈┈┈┈┈┈┈┈┈┈┈┈┈┈┈┈┈┈┈┈┈┈┈┈┈ 广翅目（Megaloptera）
　　后翅基部不宽于前翅，无发达的臀区，休息时也不折叠；头为下口式 ┈┈┈┈ 54
54. 头长；前胸很长，圆筒状；足正常；雌虫具伸向后方的针状产卵器 ┈┈┈
　　┈┈┈┈┈┈┈┈┈┈┈┈┈┈┈┈┈┈┈┈┈┈┈┈┈┈ 蛇蛉目（Raphidiodea）
　　头短；前胸一般不很长，若很长时则前足为捕捉足（似螳螂）；雌虫一般无针状
　　产卵器，若有则弯在背上向前伸 ┈┈┈┈┈┈┈┈┈┈┈┈ 脉翅目（Neuroptera）

　　注：近年来的研究表明，原先归于昆虫纲无翅亚纲中的原尾目、弹尾目和双尾目很可能并不属于昆虫。但它们的分类地位尚不明确，故将这 3 个目仍暂放在此处的检索表中。

【作业与思考】

　　1）记录待鉴定昆虫的重要分类特征，并鉴定到所属的目和科。

　　2）选取部分鉴定的昆虫，编制一个简单的昆虫纲分目检索表（不少于 8 个目）。

实验九　鲤鱼（或鲫鱼）的运动、外形和内部解剖

鱼类是典型的水生变温脊椎动物，具有一系列与水生环境相适应的形态特征和生理特性，体表被有鳞，以鳃呼吸，用鳍作为运动和平衡器官，凭上下颌摄食，对这些结构的解剖和观察，有助于理解生物体结构与功能、生物与环境相适应这一自然界的一般规律。鱼类是脊椎动物中种类最多、数量最大的类群，与人类生活有着密切联系。

鲤鱼和鲫鱼是日常生活中常见的鲤科淡水鱼类，形态结构非常典型，均可作为鱼纲的代表动物。海产鲈鱼也是很好的实验材料。若能进行比较解剖观察，会取得更好的效果。

【实验目的】

1）通过鱼类行为观察实验，学习动物行为的观察方法，理解鱼类鳔和鳍的生理功能，分析鳔和鳍联合作用对鱼类游泳行为的影响。

2）学习利用年轮推测鱼类年龄的方法，掌握硬骨鱼的一般测量方法及硬骨鱼解剖方法。

3）通过对鲤鱼或鲫鱼外形和内部构造的观察，了解硬骨鱼类的主要特征及适应于水生生活的形态结构特征。

【实验内容】

1）鲤鱼（或鲫鱼）游泳行为观察。

2）鲤鱼（或鲫鱼）外形的观察和测量。

3）鲤鱼（或鲫鱼）活体解剖。

4）观察鲤鱼（或鲫鱼）年轮并鉴定年龄。

5）观察硬骨鱼类的骨骼系统。

【实验材料与用品】

（一）材料

活鲤鱼（或鲫鱼），鲤鱼（或鲫鱼）整体或分散骨骼标本。

（二）用品

鱼缸，显微镜，解剖盘（大的搪瓷盘），解剖器具（大镊子、小镊子、骨钳、粗剪刀、解剖剪、解剖刀、解剖针），放大镜，锤子，培养皿，载玻片，刷子，胶布，棉球，直尺，注射器。

【操作与观察】

(一)游泳行为

1. 正常游泳行为观察

取活的鲤鱼（或鲫鱼）置于鱼缸中,观察、记录鳍的摆动角度、频率、游泳所处水层。

2. 实验性行为观察

由教师指导数名学生操作,其余学生观察、记录实验现象。每个实验项目选取一或两条鱼作为实验组,与对照组（未进行实验处理的）进行比较观察。

与对照组鱼相比较,以不同程度和顺序分别剪掉鱼的不同鳍,观察、记录其游泳行为的变化。(＊鱼类游泳的主要动力是什么? 鳍的功能如何?)

另取两条正常鱼,用注射器分别向鳔（前室或后室）内注射或抽取空气,观察、记录鳍摆动频率及所处水层和游泳时体轴角度的变化。

在注射（或抽取）鱼鳔内空气的同时,用上述相同的方式剪掉鱼鳍。两种方法结合操作后,观察、记录实验组鱼的游泳行为。

去掉鱼一侧鳃盖骨,观察、记录实验组鱼和对照组鱼在不同游泳状态下的呼吸和鳃盖膜启闭情况。(＊正常情况下,呼吸过程中鱼的鳃盖膜有何作用?)

结合观察、记录到的鳍摆动频率、所处水层和呼吸的变化情况,分析鳍摆动和鳔内气体含量变化与水压间的关系及其对鱼游泳行为的影响。(＊当鱼由浅水／深水游向深水／浅水或停在某一水层时,鳔和鳍是怎样协调发挥作用的? 鳃呼吸与游泳活动间的关系怎样?)

(二)外形

鲤鱼（或鲫鱼）身体纺锤形,稍侧扁,身体可分为头部、躯干部和尾部3个部分。

1. 头部

自吻端至鳃盖骨后缘为头部。口端位（位于头部前端）,鲤鱼口两侧各有两条触须（鲫鱼无触须）,起感觉功能。吻的背面有鼻孔一对,每侧鼻孔由皮膜隔开分成前后两个鼻孔：前鼻孔为进水孔；后鼻孔为出水孔。用解剖针探查鼻腔底部(＊鼻腔通口腔吗? 鼻的作用如何?)。眼一对,位于头部两侧,形大而圆,无能活动的眼睑和瞬膜,无泪腺。眼后头部两侧为宽扁的鳃盖,鳃盖后缘有膜状的鳃盖膜,借此覆盖鳃孔。

2. 躯干部和尾部

自鳃盖后缘至肛门为躯干部,自肛门至尾鳍基部最后一枚椎骨为尾部。躯干部和尾部体表被以覆瓦状排列的圆鳞,鳞片外覆有一薄层表皮及湿滑的黏液层(＊有何作用?)。躯体两侧从鳃盖后缘到尾部,各有一条由鳞片上的小孔排列成的点线结构,即侧线(＊侧线有何功能?),被侧线孔穿过的鳞片称侧线鳞。

体背和腹侧有鳍,背鳍一个,较长,长度约为躯干长的3/4；臀鳍一个,较短；尾鳍末端凹入分成上下相称的两叶,为正尾型；胸鳍一对,位于鳃盖后方左右两侧；腹鳍一对,位于胸鳍之后,肛门之前,属腹鳍腹位。泄殖孔位于臀鳍起点基部前方,紧靠臀鳍。肛门位于泄殖孔前方，紧靠泄殖孔。

（三）硬骨鱼的一般测量和常用术语

1. 可量性状（图9-1）

1）全长指自吻端至尾鳍末端的长度。

2）体长指自吻端至尾鳍基部的长度。

3）体高指躯干部最高处的垂直高度。

4）躯干长指由鳃盖骨后缘到肛门的长度。

5）尾柄长指臀鳍基部后端至尾鳍基部的长度。

6）尾柄高指尾柄最低处的垂直高度。

7）尾长指由肛门至尾鳍基部的长度。

8）头长指由吻端至鳃盖骨后缘（不包括鳃盖膜）的长度。

9）吻长指由上颌前端至眼前缘的长度。

10）眼径指眼的最大直径。

11）眼间距指两眼间的直线距离。

12）眼后头长指眼后缘至鳃盖骨后缘的长度。

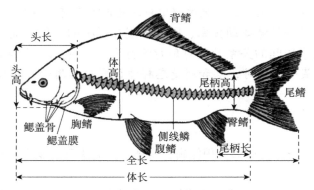

图9-1　硬骨鱼可量的部分性状（引自黄诗笺和卢欣，2013）

2. 可数性状

（1）鳞式表达式　　鳞式表达式为：侧线鳞$\frac{\text{侧线上鳞数}}{\text{侧线下鳞数}}$

侧线鳞数指从鳃盖后方直达尾部的一条侧线上侧线鳞的鳞片数目。侧线上鳞数指从背鳍起点斜列到侧线鳞的鳞片数。侧线下鳞数指从臀鳍起点斜列到侧线鳞的鳞片数。

（2）鳍式　　鳍由鳍条和鳍棘组成。鳍条柔软而分节，末端分支的为分支鳍条，末端不分支的为不分支鳍条。鳍棘坚硬、不分节，由左右两半组成的鳍棘为假棘，不能分为左右两半的鳍棘为真棘。鳍式中一般用D代表背鳍，A代表臀鳍，C代表尾鳍，P代表胸鳍，V代表腹鳍。用罗马数字表示鳍棘数目，用阿拉伯数字表示鳍条数目。鳍式中的短横线（-）代表鳍棘与鳍条相连，逗号（，）表示分离，罗马数字或阿拉伯数字中间的浪波线（～）表示范围。

（四）年轮的观察

鱼类在不同的季节生长速度不同，一般春、夏季生长速度快，秋季生长速度减慢，冬季甚至停止生长。这种周期性不平衡的生长，也同样反映在鳞片或骨片上，如鳞片表面形成的一圈一圈的环纹，环纹间的距离春夏季较宽、秋冬季较窄，这种反映在鳞片或骨片上的周期性变化可作为鱼类年龄鉴定的依据。

各种鱼类鳞片形成环纹的具体情况不同，因而年轮特征也各不相同，大部分鲤科鱼类的年轮属切割型。这类鱼鳞片的环纹在同一生长周期中的排列都是互相平行的，但与前后相邻的生长周期所形成的排列环纹具不平行现象，即切割现象，这就是一个年轮。

1. 制作鳞片标本

选鲜活、体表完整无伤的鲤鱼（或鲫鱼），用镊子夹取鱼体侧线与背鳍前部之间的鳞片，放入盛有温水的培养皿中，用刷子清除其表面的上皮组织和鳞片下的结缔组织，然后冲洗干净。自然晾干后，将鳞片夹在两块载玻片中间，用胶布固定玻片两端。

2. 观察

1）肉眼观察鳞片，在外观上可分为前、后两部分：前部埋入皮肤内；后部露在皮肤外，并覆盖住后一鳞片的前部。比较前、后两部分的范围和色泽有何差别。

2）将鳞片装片置于显微镜下，先用低倍镜观察鳞片的轮廓，前部是形成年轮的区域，称为顶区，上下侧称为侧区。在较透明的前部，可见到清晰的环片轮纹，它们以前、后部交汇的鳞焦为圆心平行排列。

3）将鳞片顶区和侧区的交接处移至视野中，换高倍镜仔细观察，可见某些彼此平行的数行环片轮纹被鳞片前部的环片轮纹割断，这就是一个年轮（图9-2）。如果是较大的个体，在鳞片上会相应存在数个年轮。

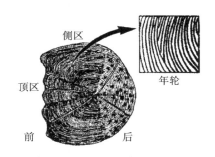

图 9-2　鲫鱼的鳞片与年轮（引自黄诗笺，2006）

4）依据年轮的数目，推算出该鱼的年龄。

（五）内部解剖与观察

1. 解剖

用锤子将活鲤鱼（或鲫鱼）击晕，置于解剖盘中，使其腹部向上，用剪刀或手术刀在肛门前与体轴垂直方向剪或切一个小口，将解剖剪的尖端插入切口，沿腹中线向前方经腹鳍中间剪至下颌；使鱼侧卧，左侧向上，再用粗剪刀自肛门前的开口向背方剪到脊柱，沿脊柱下方向前剪至鳃盖后缘，再沿鳃盖后缘剪至下颌，除去左侧体壁，使心和内脏暴露。注意除去左侧体壁前先将体腔膜与体壁分开，以使内脏器官与体壁分开时不致被损坏。用棉花拭净器官周围的血迹及组织液，置于盛水的解剖盘内观察。将粗剪刀插入口腔，剪开左侧口角除去鳃盖，暴露口腔和鳃。用棉花拭净器官周围的血迹及组织液，原位观察鱼的各内脏器官在身体内的部位。

2. 原位观察

围心腔是位于腹腔前方、最后一对鳃弓腹方的一个小腔，以横向隔膜与腹腔分开。心位于围心腔内，心背上方有头肾。在腹腔里，脊柱腹方是白色囊状的鳔，覆盖在前、后鳔室之间的三角形暗红色组织，为肾的主要部分。鳔的腹方是长形的生殖腺，在成熟个体中，雄性的精巢为乳白色，雌性的卵巢为黄色。肠为盘曲在腹腔腹侧的管道，肠之间的肠系膜上，有暗红色、弥漫状分布的肝胰脏，体积较大。在肠和肝胰脏之间有一细长红褐色器官为脾（图 9-3）。

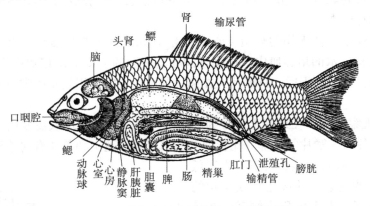

图 9-3　雄鲤鱼的内部结构（左侧面观）

3. 生殖系统

生殖系统由生殖腺和生殖导管组成。

（1）生殖腺　　生殖腺位于鳔的腹面两侧，外包有极薄的膜。雄性精巢一对，未性成熟时呈淡红色，性成熟时乳白色，呈扁长囊状；雌性卵巢一对，未性成熟时为淡橙黄色，呈长带状，性成熟时黄色，呈长囊形，几乎充满整个腹腔，内有许多小型卵粒。

（2）生殖导管　　生殖腺表面的膜向后延伸的短管，即输精管或输卵管。左右输精管或输卵管在后端汇合后通入泄殖窦，泄殖窦以泄殖孔开口于体外。

观察完毕后，移去左侧生殖腺，以便观察消化器官。

4. 消化系统

消化系统包括口咽腔（鱼类的口腔与咽界限不明显，故称为口咽腔）、食管、肠和肛门组成的消化管及肝胰脏和胆囊等消化腺体。此处主要观察食管、肠、肛门、肝胰脏和胆囊。

（1）食管　　消化管的最前端为食管，前端与咽相连，后端以鳔管开口作为食管和肠的分界点，食管很短。

（2）肠　　鲤鱼（或鲫鱼）无胃的分化。肠紧接于食管，迂回盘曲于腹腔。肠的长度为体长的 2～3 倍（*肠的长度与食性有何相关性？），肠的前 2/3 段为小肠，后部为大肠，最后一部分为直肠，直肠以肛门开口于臀鳍基部前方。但肠的各部外形区别不甚明显。可在观察肝胰脏后，用圆头镊子将盘曲的肠展开再进行观察。

（3）肝胰脏　　鲤鱼（或鲫鱼）的肝和胰合并在一起，尚未分开，故称为肝胰脏。

肝胰脏为红褐色腺体，无固定形状，弥散状分散在肠之间的肠系膜上。

（4）胆囊 胆囊为一暗绿色的椭圆形囊，位于肠前部右侧，大部分埋在肝胰脏内，由胆囊发出粗短的胆管，开口于肠前部。（*胆汁的颜色和功能？）

（5）脾 脾为肠和肝胰脏间的一条红褐色细长的腺体，与消化无关，属淋巴器官。

观察完毕，移去消化管、脾及肝胰脏，以便观察其他器官。

5. 鳔

鳔为位于腹腔消化管背侧的银白色胶质囊，从头后一直伸展到腹腔后端，分前、后两室（*如何实验判断鳔的前、后室是否相通？），从后室前端腹面发出一条细长的鳔管，通入食管背壁。（*鳔有哪些功能？）

观察完毕，移去鳔，以便观察排泄器官。

6. 排泄系统

排泄系统包括肾、输尿管和膀胱。

（1）肾 一对，紧贴于腹腔背侧壁正中线两侧，为红褐色狭长形器官，在鳔的前、后室相接处，肾扩大使此处的宽度最大。每个肾的前端体积增大，向左右扩展，进入围心腔，位于心的背方，为头肾，是拟淋巴结。（*头肾有何功能？）

（2）输尿管 每个肾最宽处各通出一条细管，即输尿管，沿腹腔背壁后行，在近末端处两管汇合通入膀胱。

（3）膀胱 两条输尿管后端汇合后稍膨大形成的囊即为膀胱，其末端开口于泄殖窦。用镊子分别从臀鳍前的两个孔插入，观察它们进入直肠或泄殖窦的情况，由此可在体外判断肛门和泄殖孔的开口。

7. 口腔与咽

将剪刀伸入口腔，剪开口角，除掉鳃盖，以暴露口腔和鳃。

（1）口腔 口腔由上、下颌包围而成，颌无齿，口腔背壁由厚的肌肉组成，表面有黏膜，口腔底后半部有一不能活动的三角形舌。

（2）咽 口腔之后为咽，其左右两侧有5对鳃裂，相邻鳃裂间生有鳃弓，共5对。第5对鳃弓特化成咽骨，其内侧着生咽齿。鲤鱼齿式为 1·1·3/3·1·1（鲫鱼的咽齿仅一列，齿式为4/4）。在下文观察鳃的步骤完成后，将外侧的4对鳃除去，暴露第5对鳃弓，可见咽齿与咽背面的基枕骨腹面角质垫相对，能夹碎食物。

8. 呼吸系统

鱼类的呼吸器官为鳃。鲤鱼（或鲫鱼）的鳃，由鳃弓、鳃耙、鳃片组成，鳃间隔退化。

（1）鳃弓 鳃弓位于鳃盖之内，咽的两侧，共5对。每鳃弓内缘凹面生有鳃耙；第1~4对鳃弓外缘并排长有两列鳃片，第5对鳃弓没有鳃片。

（2）鳃耙 鳃耙为鳃弓内缘凹面上成行的三角形突起。第1~4对鳃弓各有两行鳃耙，左右互生，第1对鳃弓的外侧鳃耙较长。第5对鳃弓只有一行鳃耙。（*鳃耙有何功能？）

（3）鳃片 鳃片为薄片状，鲜活时呈红色。每个鳃片称半鳃，长在同一鳃弓上的两个半鳃合称全鳃。剪下一个全鳃，放在盛有少量水的培养皿内，置显微镜下观察。可见每一鳃片由许多鳃丝组成，每一鳃丝两侧又有许多突起状的鳃小片，鳃小片上分布着丰富的毛细血管，是气体交换的场所。横切鳃弓，可见两个鳃片之间退化的鳃间隔。

9. 循环系统

循环系统由心、动脉、静脉、毛细血管和血液组成。主要观察心，血管系统从略。

心位于两胸鳍之间的围心腔内，由一心室、一心房和静脉窦等组成（图 9-4）。

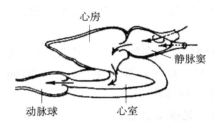

图 9-4　硬骨鱼心结构模式图
箭头表示血液流向

（1）心室　　心室为淡红色，其前端有一个白色壁厚的圆锥形小球体，为动脉球，自动脉球向前发出一条较粗大的血管，为腹主动脉。

（2）心房　　心房位于心室的背侧，暗红色，薄囊状。

（3）静脉窦　　静脉窦位于心房背侧面，暗红色，壁很薄，不易观察。

10. 神经系统

对于神经系统，主要观察脑的结构。从两眼眶上方下剪，沿身体长轴方向剪开头部背面骨骼，再在两纵切口的两端间横剪，用骨钳小心移去头部背面骨骼，用棉球吸去银色发亮的脑脊液，露出脑的各部分结构（图 9-5）。从脑背面观察。

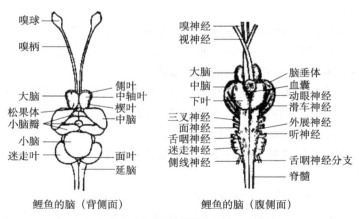

鲤鱼的脑（背侧面）　　　　　鲤鱼的脑（腹侧面）

图 9-5　鲤鱼的脑（引自秉志，1960）

（1）端脑　　端脑由嗅脑和大脑组成。大脑分左右两个半球，呈小球状，位于脑的前端，其顶端各伸出一条棒状的嗅柄，嗅柄末端为椭圆形的嗅球，嗅柄和嗅球构成嗅脑。

（2）中脑　　中脑位于端脑之后，较大，受小脑瓣所挤而偏向两侧，各成半月形突起，又称视叶（鲫鱼的中脑为一对球形视叶）。

（3）间脑　　从脑背面看不到间脑本体，仅在大脑和中脑之间的中央可见到从间脑背面发出的脑上腺（松果体）。用镊子轻轻托起端脑，整个向后掀起，可见在中脑位置的颅骨有一个陷窝，其内有一白色近球形小颗粒，即为脑垂体。用小镊子揭开陷窝上的薄膜，可取出脑垂体，用于其他研究。

（4）小脑　　小脑位于中脑后方，为一圆球形体，表面光滑，前方伸出小脑瓣突入中脑（鲫鱼无小脑瓣）。

（5）延脑　　延脑是脑的最后部分，由一个面叶和一对迷走叶组成，面叶居中，其前部被小脑遮蔽，只能见到其后部，迷走叶较大，左右成对，位于小脑的后方两侧（鲫鱼有一对球形的迷走叶位于小脑后方）。延脑后部变窄，连接脊髓。（*鱼脑的哪部分较发达？各组成部分有何机能？它与鱼类的生活有何联系？）

（6）脑神经　　鱼类由脑发出10对脑神经分布至头部及内脏。

除去脑侧面至腹面的头骨，剪去一侧脑神经，保留另一侧脑神经与脑的联系。观察脑的腹面，可见大脑半球间有间脑，间脑腹面的前方有视神经，并形成神经交叉，视交叉后方有白色近球形小颗粒，即脑垂体，脑垂体后方为血管囊。还可观察到第Ⅰ～Ⅹ对脑神经由脑发出。

（六）鲤鱼骨骼标本示范

观察鲤鱼骨骼标本（图9-6），骨骼系统分为中轴骨骨骼和附肢骨骼两部分。中轴骨包括头骨、脊柱和肋骨；附肢骨骼包括鳍骨及悬挂鳍骨的带骨，而鳍骨又可分为奇鳍骨和偶鳍骨。脊柱分躯干和尾两部分。

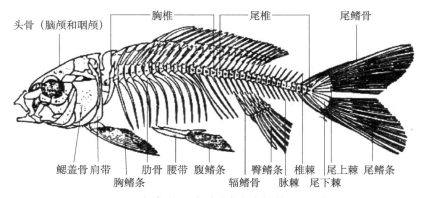

图9-6　鲤鱼的骨骼（引自白庆笙等，2017）

【作业与思考】

1）记录鱼体外形测量的各项数据，这些数据在科研和生产上可应用于哪些方面？

2）根据原位观察，绘鲤鱼的内部解剖图，注明各器官名称。

3）根据实验观察，归纳鱼类适应水生生活的形态结构特征。

4）硬骨鱼的呼吸器官有哪些？呼吸过程如何？

实验十　蛙（或蟾蜍）的系列实验

　　由水生到陆生是脊椎动物进化过程中一个巨大的飞跃，由于水陆环境之间具有巨大差异，使得由水生到陆生的过渡类群（两栖类）基本具备了陆生脊椎动物的结构模式，但仍不能完全脱离水环境。蛙（或蟾蜍）是两栖类代表动物，其形态结构和生理机能可充分反映两栖类对陆地生活环境的初步适应及不完善性。

　　蛙（或蟾蜍）是一种在生理、药理、发育等研究中经常使用的实验动物。将行为观察、形态解剖和生理实验组合进行，不仅可以充分利用实验材料，而且可以提高学生的综合实验技能和分析、解决问题的能力，使学生进一步理解和掌握基础知识和基本原理。

【实验目的】

　　1）通过观察蛙（或蟾蜍）的行为，了解行为学的概念和观察方法。

　　2）学习脊蛙（或脊蟾蜍）的制备、反射时测量、双毁髓处死蛙（或蟾蜍）的方法，分析反射弧的组成及各部分对反射活动的作用。

　　3）学习蛙（或蟾蜍）肠系膜标本的制作方法，了解微循环区各种血管内血液流动的特点及某些药物对血管舒缩活动的影响。

　　4）学习手术结扎技术，采用结扎方法来观察蛙（或蟾蜍）心起搏点和蛙（或蟾蜍）心不同部位的自动节律性高低。

　　5）通过对成蛙（或蟾蜍）外部形态和内部构造的解剖观察，了解两栖类对水陆两栖环境的适应性和不完善性。

　　6）通过合理安排实验项目，用一只蛙（或蟾蜍）完成以上各项实验项目，这样可以培养学生设计实验的能力和充分利用实验材料的观念，以及采用多种实验技能进行综合实验的能力，教育学生"敬畏生命，尊重实验动物"，保护生物多样性。

【实验内容】

　　1）蛙（或蟾蜍）的视觉测定、捕食行为观察。

　　2）蛙（或蟾蜍）外形观察、性别鉴定与测量。

　　3）蛙（或蟾蜍）脊髓反射及反射弧的分析。

　　4）蛙（或蟾蜍）微循环的观察。

　　5）蛙（或蟾蜍）心起搏点的分析及自动节律性观察。

　　6）蛙（或蟾蜍）的内部解剖。

【实验材料与用品】

（一）材料

　　活蛙（或蟾蜍）（限一人一只），蛙（或蟾蜍）皮肤切片标本，蛙（或蟾蜍）神经系统浸制标本，蛙（或蟾蜍）整体骨骼标本。

（二）用品

显微镜，解剖器具，毁髓针，玻璃分针，蜡盘，有孔木质蛙板，铁支架，细铁丝钩或蛙嘴夹，温度计，秒表，小烧杯，大烧杯，滴管，培养皿，大头针，工字钉，纱布，棉球，细线，小滤纸片，直尺，纸箱，鬃毛。

（三）试剂

0.65% 生理盐水，0.01% 去甲肾上腺素，0.01% 组织胺，1% 可卡因，任氏液，0.5% 和 1% 的硫酸溶液。

【操作与观察】

具体实验内容可根据教学大纲学时安排情况自行选择。

（一）蛙（或蟾蜍）的视觉测定、捕食行为观察

动物在取食时具有一系列的取食准备动作，并通过有关取食器官的协同配合，以获得食物，这就是动物的捕食行为。

将蛙（或蟾蜍）放入一个纸箱中，用一条线吊一条活面包虫进入蛙（或蟾蜍）的视野，在面包虫动时，观察记录蛙（或蟾蜍）对面包虫有无反应。如果有捕食动作，记录、描述捕食时蛙（或蟾蜍）的身体各部位是如何反应的。参与取食的器官有哪些？这些器官是如何协同配合的？同样，用细铁丝绑一条死面包虫进入蛙（或蟾蜍）的视野，铁丝不动，观察记录蛙（或蟾蜍）对此虫有无反应。结果说明什么？观察结束后，移动或转动蛙（或蟾蜍），观察记录蛙（或蟾蜍）对不动的面包虫有何反应。通过查阅资料，尝试解释观察记录到的现象。

（二）蛙（或蟾蜍）的外部形态观察和测量

1. 外形

观察置于蜡盘内的活蛙（或蟾蜍），可以看到，其身体可分为头、躯干和四肢 3 个部分。

（1）头　　蛙（或蟾蜍）头部扁平，基本呈三角形，吻端稍尖。口宽大，横裂型，由上、下颌组成。上颌背侧前端有一对外鼻孔，外鼻孔外缘具鼻瓣，观察鼻瓣的运动（*鼻瓣的运动与口腔底部的升降有何关系？）。头的左右两侧有大而突出的眼，具上、下眼睑，下眼睑内侧有一层半透明的瞬膜。轻轻触碰眼睑，观察眼睑和瞬膜是否活动（*如何活动？眼睑和瞬膜的出现对陆地生活的适应意义？）。圆形鼓膜位于两眼后方（蟾蜍的较小），眼和鼓膜后上方的一对椭圆形隆起即是耳后腺。雄蛙口角后方各有一浅褐色膜襞为声囊，鸣叫时鼓成泡状（蟾蜍无）。

（2）躯干　　躯干位于鼓膜之后，短而宽，位于后端两腿之间、偏背侧的小孔即为泄殖腔孔。

（3）四肢　　前肢短小，依次分为上臂、前臂、腕、掌、指 5 个部分；4 指，指间无蹼，指端无爪；繁殖季节雄蛙（或雄蟾蜍）第 1 指基部内侧有一膨大突起，称婚垫，为抱对之用。后肢长而发达，依次分为股、胫、跗、跖、趾 5 个部分；5 趾，趾间有蹼；

踝状距是位于第1趾内侧的一较硬的角质化突起。蟾蜍的四肢短钝，趾间蹼不发达。

2. 皮肤

蛙的背面皮肤较粗糙，背中央常有一条窄而色浅的纵纹，两侧各有一条色浅的背侧褶。背面皮肤颜色变异较大，有黄绿、深绿、灰棕色等，并有不规则黑斑。腹面皮肤光滑，浅黄或白色。蟾蜍体表粗糙，除头部背面和腹面外有大小不等的圆形疣。背部暗黑，体侧和腹部浅黄色，间有黑色花纹。用手抚摸活蛙（或蟾蜍）的皮肤，有黏滑感，其黏液由黏液腺分泌。（＊黏液对两栖类的生活有何意义？）

显微镜下观察蛙（或蟾蜍）的皮肤切片，可见皮肤由表皮和真皮组成（图 10-1）。表皮分角质层和生发层。角质层由轻微角质化的一或两层扁平细胞构成。

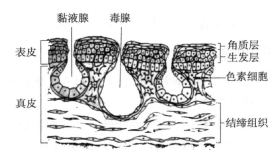

图 10-1　两栖类皮肤切面结构示意图（引自刘凌云和郑元美，2009）

3. 蛙类（无尾两栖类）外形测量

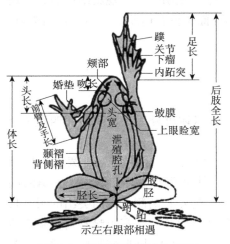

图 10-2　蛙类测量常用的术语
（引自黄诗笺和卢欣，2013）

蛙类测量常用的术语如图 10-2 所示。

1）体长：自吻端至体后端。

2）头长：自吻端至颌关节后缘。

3）头宽：左右颌关节之间的距离。

4）吻长：自吻端至眼前角。

5）鼻间距：左右鼻孔间的距离。

6）眼间距：左右上眼睑内缘之间的最窄距离。

7）上眼睑宽：上眼睑最宽处。

8）眼径：眼纵长距。

9）鼓膜宽：鼓膜最大直径。

10）前臂及手长：自肘后至第 3 指末端。

11）后肢全长：自体后正中至第 4 趾末端。

12）胫长：胫部两端之间的距离。

13）足长：自内跖突近端至第 4 趾末端。

（三）脊髓反射及反射弧的分析

1. 制备脊蛙（或脊蟾蜍）

取蛙（或蟾蜍）一只，用自来水冲洗干净，用纱布包裹蛙（或蟾蜍）躯干四肢，露出头部。用左手握住蛙（或蟾蜍），并用食指按压头部前端，拇指按压背部，使头部前俯；右手持毁髓针由头前端沿中线向尾方划触、触及凹陷处即枕骨大孔的所在。将毁髓针由凹陷处垂直刺入，刺破皮肤即入枕骨大孔，这时将毁髓针尖端转向头的方向，向前探入颅腔内，然后向各方搅动毁髓针，以捣毁脑组织。如毁髓针确在颅腔内，操作者可感觉到针在四面皆壁的腔内。拔出毁髓针，用干棉球堵住针孔，止血并擦去血迹。

2. 脊蛙（或脊蟾蜍）的处理

用细铁丝钩住脊蛙（或脊蟾蜍）的下颌，悬挂于支架上，用烧杯内清水浸洗脊蛙（或脊蟾蜍），用纱布擦去水滴，但使皮肤保持湿润。刚制备的脊蛙（或脊蟾蜍），因切断了脑和脊髓的联系，脊髓失去来自大脑高级神经中枢调节的影响，立即进入休克状态。5～10min 后，脊髓自身的机制才能发挥作用，脊髓反射才能出现。

3. 脊髓反射

（1）屈反射和反射时的测定　将脊蛙（或脊蟾蜍）左侧或右侧后肢的最长趾浸入盛有 0.5% 硫酸溶液的培养皿中，该后肢屈曲，即屈反射。屈反射的反射时是从趾尖浸入时起至腿开始屈曲时止所需的时间。

将脊蛙（或脊蟾蜍）左后肢的最长趾浸入盛有 0.5% 硫酸溶液的培养皿中 2～3mm（浸入时间不超过 10s），立即记录时间。当出现屈反射时，则停止计时。立即用清水冲洗受刺激的皮肤并用纱布擦干。重复测定反射时 3 次，求出平均值作为左后肢最长趾的反射时。用同样方法测定右后肢最长趾的反射时。

同法，用 1% 硫酸溶液分别刺激同一后肢最长趾各 3 次。注意每次用硫酸刺激后都要用水冲洗并用纱布擦干最长趾。比较硫酸浓度对反射时长短的影响。

（2）搔扒反射和反射时的测定　将浸有 1% 硫酸溶液的滤纸片，贴于脊蛙（或脊蟾蜍）左侧或右侧背部或腹部皮肤上，可见脊蛙（或脊蟾蜍）用同侧后肢向此处搔扒，直至除去滤纸片为止，即为搔扒反射。搔扒反射的反射时是从滤纸片贴于脊蛙（或脊蟾蜍）背部皮肤时起至其后肢开始除去纸片时止所需的时间。

将一浸有 1% 硫酸溶液的滤纸片，贴于蛙（或蟾蜍）右侧背部或腹部皮肤上，开始计时；当右后肢刚开始提起时，停止计时。立即用清水冲洗受刺激的皮肤并用纱布将水滴擦去。重复 3 次，要保持每次刺激的强度和部位一致，取 3 次反射时的均值。用同样的方法也可测定左侧的反射时。

4. 反射弧的组成分析

反射活动的结构基础是反射弧。通过实验证明反射弧的组成及反射弧各部分的作用。

（1）去除右后肢踝关节以下皮肤

1）用手术剪自脊蛙（或脊蟾蜍）右后肢最长趾基部环切皮肤，然后再用手术镊剥净最长趾上的皮肤。用 0.5% 硫酸溶液刺激去皮的最长趾，观察是否出现反射活动。分析原因，洗净刺激部位。

2）用浸有 1% 硫酸溶液的滤纸片贴在脊蛙（或脊蟾蜍）右侧背部或腹部皮肤上，观察此侧小腿是否能出现反射活动。分析原因。

3）将一浸有 1% 硫酸溶液的滤纸片贴在脊蛙（或脊蟾蜍）左后肢的皮肤上，观察左后肢，甚至右后肢屈反射情况。分析原因。

（2）麻醉坐骨神经

1）分离坐骨神经：将脊蛙（或脊蟾蜍）腹位固定于木质的蛙板上，剪开左侧大腿背部皮肤，分离肌肉（股二头肌和半膜肌）和结缔组织，暴露坐骨神经，在神经下穿一条丝线，用线将神经提起。用浸有普鲁卡因或利多卡因溶液的细棉条包住分离出的坐骨神经，重新将脊蛙（或脊蟾蜍）悬挂在支架上。

2）测屈反射消失的时间：从给药麻醉坐骨神经开始计时，每隔 1~2min 将蛙（或蟾蜍）的左后肢的最长趾浸入 0.5% 硫酸溶液中，观察有无屈反射（记录加药时间）。直至屈反射不再出现（＊为什么屈反射不再出现？），停止计时。

3）测搔扒反射消失的时间：当屈反射刚刚不能出现时（记录时间），立即将一浸有 1% 硫酸溶液的滤纸片，贴于蛙（或蟾蜍）左侧背部或腹部皮肤上，每隔 1~2min 重复一次，直至搔扒反射不再出现（记录时间）。记录加药至屈反射消失的时间，以及加药至搔扒反射消失的时间，并记录反射时的变化。

（3）捣毁脊髓　　用镊子夹住右后肢，观察该侧屈反射情况（＊为何要做此检测？）。取下脊蛙（或脊蟾蜍），去掉棉条，清水清洗脊蛙（或脊蟾蜍）身体，纱布擦干后，将毁髓针由枕骨大孔处重新垂直刺入，再将针尖从枕骨大孔向后方，与脊柱平行插入椎管，一边伸入，一边旋转毁髓针以毁脊髓。当脊蛙（或脊蟾蜍）四肢僵直而后又松软下垂时，即表明脑和脊髓被完全破坏。如动物仍表现四肢肌肉紧张或活动自如，则必须重新毁髓。破坏脊髓之后，观察屈反射和搔扒反射是否还存在并分析原因。

（四）蛙（或蟾蜍）微循环的观察

蛙（或蟾蜍）肠系膜、舌及后肢足蹼等部位的组织较薄，适于用来制备微循环观察标本。

1. 蛙（或蟾蜍）肠系膜标本的制备

图 10-3　蛙（或蟾蜍）肠系膜标本的制备

将上述双毁髓（刺毁脑和脊髓）的蛙（或蟾蜍）背位固定在蛙板上，使其身体左侧紧靠蛙板上的小孔。用镊子轻轻提起左侧腹壁（不要将内脏也夹起），再用剪刀在腹壁上剪一长约 1cm 的纵向切口。轻轻拉出小肠袢，将肠系膜展开并盖上蛙板上的小孔，并用大头针固定在蛙板上（图 10-3）。注意小肠袢不能绷得太紧，以免拉破肠系膜或阻断血流，另外，需要用适量任氏液润湿肠系膜，以免干燥，影响血液循环。

若用蛙（或蟾蜍）的舌或足蹼作观察标本，则用大头针将双毁髓的蛙（或蟾蜍）固定在蛙板上，使其鼻端离板孔 0.5cm，拖出舌头，拉其过孔，并用大头针将舌缘固定在蛙板孔的周缘；或将蛙（或蟾蜍）两足趾展开，使趾蹼过孔，用大头针固定。但效果不如肠系膜好。

2. 观察

将标本置低倍镜下观察。可见有许多纵横交错粗细不等的血管。根据血管的粗细和分支情况、血流方向和血流特征，可区别小动脉、小静脉和毛细血管。

（1）小动脉血流的观察　　在显微镜下移动标本直到发现一段较粗血管内的血液流向两根分支血管，这段血管就是小动脉。注意观察血管中血流速度快，不均匀，有搏动，有轴流现象（血细胞在血管中央流动）。

（2）小静脉血流的观察　　移动标本直到发现血液流向由两根血管汇入一根血管，这两根分支血管就是小静脉。观察血管内血流有无搏动和轴流现象。比较小动脉和小静脉内血流的速度。

（3）毛细血管血流的观察　　寻找管径最小、透明、近乎无色的血管，即毛细血管。在高倍镜下可见一串串红细胞以单个排列形式在管内移动，或红细胞断断续续地单个移动。（*血流速度如何？有无搏动？3类血管的形态和血液流动特点与其生理功能有何联系？）

3. 血管对药物的反应

1）滴加几滴 0.01% 去甲肾上腺素于肠系膜上，持续观察各血管管径及血流的变化。出现变化后立即用任氏液冲洗。

2）待血流恢复正常后，再滴加几滴 0.01% 组织胺于肠系膜上，观察血管及血流的变化。若用蛙（或蟾蜍）蹼作为观察标本，则难以观察血管对药物的反应。

观察完毕后，将大头针拔掉，慢慢将小肠祥送回体腔内，以便后续实验。

（五）心搏起源的分析

1. 暴露心

1）将观察完微循环的蛙（或蟾蜍）背位置于蜡盘中，展开四肢，用工字钉将腕部和跗部定住，将蛙（或蟾蜍）固定在蜡盘中。〔*为什么用双毁髓蛙（或蟾蜍）进行心搏起源的分析？〕

2）左手持镊提起胸骨后方腹部皮肤，右手持剪剪开一个小口，然后将剪刀由切口处伸入皮下，向左右两侧锁骨的外侧方向剪开皮肤，并向头端掀开皮肤。

3）再用镊子提起胸骨后方的腹肌，用剪刀在腹肌上剪一个小口后，沿皮肤切口方向剪开胸壁（剪时剪刀尖紧贴胸壁，以免损伤内脏和血管），剪断左右乌喙骨和锁骨，剪去胸壁，使创口成一个倒三角形，此时可见到心在围心腔内搏动。

4）左手持眼科镊提起半透明的围心膜，右手用眼科剪剪开围心膜，暴露心。

进行以下实验过程中注意应经常滴加任氏液以保持心湿润。

2. 观察心的构造

参见本实验"（六）蛙（或蟾蜍）的内部构造"中"6. 循环系统"相关内容。蛙类斯氏结扎的部位如图 10-4 所示。

3. 观察心搏过程

观察静脉窦、心房和心室收缩的顺序，并用秒表记录心搏频率。注意观察心室收缩时体积和颜色的变化。记下实验室温度。

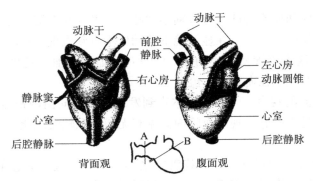

图 10-4　蛙类斯氏结扎的部位（引自黄诗笺，2006）
A. 斯氏第一结扎；B. 斯氏第二结扎

4. 斯氏结扎

1）用眼科镊在左右动脉干下穿一线备用，将心尖翻向头端，暴露心背面，然后将放置在动脉干下的那条线在窦房沟处做一单结（图 10-5），即为斯氏第一结扎（图 10-4A，图 10-6）。观察心各部分搏动节律的变化，可见心房、心室立即停止搏动，而静脉窦仍继续搏动，用秒表记录静脉窦搏动频率。待心房和心室恢复搏动后，分别记录它们的搏动频率（重复 3 次，取平均值）。

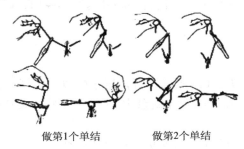

做第1个单结　　做第2个单结

图 10-5　持镊打结法（引自黄诗笺，2006）

2）然后在冠状沟处穿线做第 2 个单结，即斯氏第二结扎（图 10-4B，图 10-6）。这时心房和静脉窦仍继续搏动，心室则停止搏动。待心室恢复搏动后，记录心脏各部位的搏动频率（重复 3 次，取平均值）。根据实验结果，分析蛙（或蟾蜍）心不同部位自动节律性的高低，以及正常情况下心节律活动的顺序。

（六）蛙（或蟾蜍）的内部构造

1. 肌肉系统

将观察完心搏动频率的蛙（或蟾蜍）腹面向上置于解剖盘内，展开四肢。左手持手术镊，夹起腹面后腿基部之间泄殖腔孔稍前方的皮肤，右手持剪刀剪开一个切口，由此处沿腹中线向前剪开皮肤，直至下颌前端。然后在肩带处向两侧剪开并剥离前肢皮肤；在股部做一个环形切口，剥去皮肤至足部。观察腹壁和四肢的主要肌肉（图 10-7）。

图 10-6 心起搏点的分析及自动节律性观察

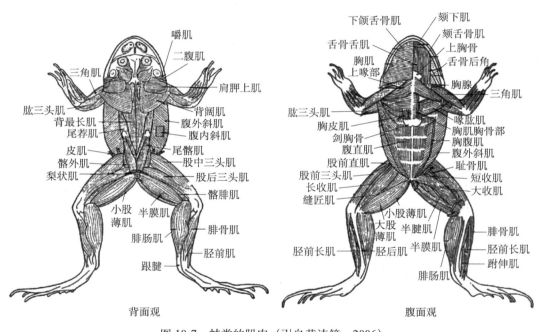

图 10-7 蛙类的肌肉（引自黄诗笺，2006）

（1）腹壁表层主要肌肉

1）腹直肌：位于腹部正中幅度较宽的肌肉，肌纤维纵行，起于耻骨联合，止于胸骨。该肌肉被其中央纵行的结缔组织白线（腹白线）分为左右两部分，每部分又被横行的4或5条腱划分为几节。

2）腹斜肌：位于腹直肌两侧的薄片肌肉，分内外两层。腹外斜肌纤维由前背方向腹后方斜行。轻轻划开腹外斜肌可见到其内层的腹内斜肌，腹内斜肌纤维走向与腹外斜肌相反。

3）胸肌：位于腹直肌前方，呈扇形。起于胸骨和腹直肌外侧的腱膜，止于肱骨。

（2）前肢肱部的肌肉　　肱三头肌位于肱部背面，为上臂最大的一块肌肉。起点有

3 个肌头，分别起于肱骨近端的上、内表面，肩胛骨后缘和肱骨的外表面，止于桡尺骨的近端。它是伸展和旋转前臂的重要肌肉。

（3）后肢肌肉　　先观察股部（大腿部）主要肌肉，再观察胫部（小腿部）主要肌肉。

1）股薄肌：位于大腿内侧，几乎占据大腿腹面的一半，可使大腿向后和小腿伸屈。

2）缝匠肌：位于大腿腹面中线的狭长带状肌，肌纤维斜行，起于髂骨和耻骨愈合处的前缘，止于胫腓骨近端内侧。收缩时可使小腿外展，大腿末端内收。

3）股三头肌：位于大腿外侧最大的一块肌肉，可将标本由腹面翻到背面来观察。起点有 3 个肌头，分别起自髂骨的中央腹面、后面，以及髋臼的前腹面，其末端以共同的肌腱越过膝关节止于胫腓骨近端下方。收缩时，可使小腿前伸和外展。

4）股二头肌：为一狭条肌肉，介于半膜肌和股三头肌之间且大部分被它们覆盖。起于髂骨背面正当髋臼的上方，末端肌腱分为两部分，分别附着于股骨的远端和胫骨的近端。收缩时能屈曲小腿和上提大腿。

5）半膜肌：位于股二头肌后方的宽大肌肉，起于坐骨联合的背缘，止于胫骨近端。收缩时能使大腿前屈或后伸，并能使小腿屈曲或伸展。

6）腓肠肌：小腿后面最大的一块肌肉，是生理学中常用的实验材料。起点有大、小两个肌头，大的起于股骨远端的屈曲面，小的起于股三头肌止点附近，其末端以一跟腱越过跗部腹面，止于跖部。收缩时能屈曲小腿和伸足。

7）胫前肌：位于胫腓骨前面。起于股骨远端，末端以两条腱分别附着于跟骨和距骨。收缩时能伸直小腿。

8）腓骨肌：位于胫腓骨外侧，介于腓肠肌和胫前肌之间。起于股骨远端，止于跟骨。收缩时能伸展小腿。

9）胫后肌：位于腓肠肌内侧前方。起于胫腓骨内缘，止于距骨。收缩时能伸足和弯足。

10）胫伸肌：位于胫前肌和胫后肌之间。起于股骨远端，止于胫腓骨，收缩时能使小腿伸直。

2. 口咽腔

口咽腔为消化系统和呼吸系统共同的器官。

（1）舌　　左手持镊将蛙（或蟾蜍）的下颌拉下，可见口腔底部中央有一柔软的肌肉质舌，舌的基部着生在下颌前端内侧，舌尖向后伸向咽部。右手用镊子轻轻将舌从口腔内向外翻拉出展平，可看到蛙的舌尖分叉，用手指触舌面有黏滑感。蟾蜍的舌呈椭圆形，较蛙的短，尖端钝圆，不分叉。

用剪刀剪开左右口角至鼓膜下方，令口咽腔全部露出。

（2）内鼻孔　　一对椭圆形孔，位于口腔顶壁近吻端处，取一根鬃毛从外鼻孔穿入，可见鬃毛由内鼻孔穿出。（*内鼻孔的出现有何意义？）

（3）齿　　沿上颌边缘有一行细而尖的牙齿，齿尖向后，即颌齿；在一对内鼻孔之间有两丛细齿，为犁齿，蟾蜍无齿。（*蛙齿作用如何？）

（4）耳咽管孔　　位于口腔顶壁两侧，口角附近的一对大孔，为耳咽管开口，用镊子由此孔轻轻探入，可通到鼓膜。

（5）声囊孔　　雄蛙口腔底部两侧口角处、耳咽管孔稍前方，有一对小孔，即声囊孔。雄蟾蜍无此孔。

（6）喉门　　在舌尖后方，咽的腹面有一个圆形突起，该突起由一对半圆形杓状软骨构成，两软骨间的纵裂即喉门，是喉气管室在咽部的开口。

（7）食道口　　喉门的背侧，咽的最后部位一皱襞状开口为食道口。

观察完口咽腔后，用镊子将两后肢基部之间的腹直肌后端提起，用剪刀沿腹中线稍偏左自后向前剪开腹壁（这样不致损毁位于腹中线上的腹静脉），剪至剑胸骨处时，再沿剑胸骨的两侧斜剪，剪断乌喙骨和肩胛骨。用镊子轻轻提起剑胸骨，仔细剥离胸骨与围心膜间的结缔组织，最后剪去胸骨和胸部肌肉。

将腹壁中线处的腹静脉从腹壁上剥离开，再将腹壁向两侧翻开，用大头针固定在蜡盘上。此时可见位于体腔前端的心，心两侧的肺，心后方的肝，以及胃、膀胱等器官。

3. 消化系统

蛙（或蟾蜍）的消化系统包括以下几个部分（图 10-8）。

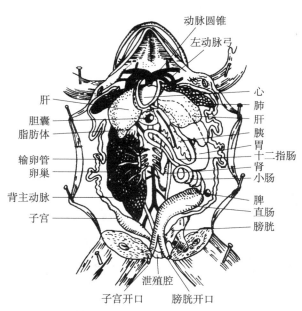

图 10-8　雌蟾蜍的内脏模式图（引自郝天和，1964）

（1）肝　　红褐色，位于体腔前端，心的后方，由较大的左右两叶和较小的中叶组成。在中叶背面，左右两叶之间有一个绿色圆形小体，即胆囊。用镊子夹起胆囊，轻轻向后牵拉，可见胆囊前缘向外发出两根胆囊管，一根与肝管连接，接收肝分泌的胆汁；一根与总输胆管相接，胆汁经总输胆管进入十二指肠。提起十二指肠，用手指挤压胆囊，可见有暗绿色胆汁经总输胆管而入十二指肠。

（2）食管　　将心和肝左叶推向右侧，用钝头镊子自咽部的食管口探入，可见心背方乳白色短管与胃相连，此管即食管。

（3）胃　　　胃为食管后端所连的一个形稍弯曲的膨大囊状体，部分被肝遮盖。胃与食管相连处称贲门；胃与小肠交接处紧缩变窄，为幽门。胃内侧的小弯曲称胃小弯，外侧的弯曲称胃大弯，胃中间部称胃底。

（4）肠　　　肠可分小肠和大肠两部分。小肠自幽门后开始，向右前方伸出的一段为十二指肠，其后向右后方弯转并继而盘曲在体腔右后部，为回肠。大肠接于回肠，膨大而陡直，又称直肠，直肠向后通泄殖腔，以泄殖腔孔开口于体外。

（5）胰　　　胰为一条长形不规则的呈淡红色或黄白色的腺体，位于胃和十二指肠间的弯曲处肠系膜上。

（6）脾　　　在直肠前端的肠系膜上，有一红褐色球状物，即脾，它是一淋巴器官，与消化无关。

4. 呼吸系统

成蛙（或蟾蜍）用肺和皮呼吸，皮肤承担 1/3 的呼吸功能。呼吸系统包括鼻腔、口腔、喉气管室和肺等器官，其中鼻腔和口腔已于口咽腔处观察过。

（1）喉气管室　　　左手持镊轻轻将心后移，右手用钝头镊子自咽部喉门处通入，可见心背方一短粗略透明的管子，即喉气管室，其后端通入肺。

（2）肺　　　肺为位于心两侧的一对粉红色、近椭圆形的薄壁囊状物。剪开肺壁可见其内表面呈蜂窝状，其上密布微血管。依据前面进行的外形观察，分析蛙（或蟾蜍）是怎样进行咽式呼吸的。

5. 泄殖系统

将消化系统移向一侧，观察泄殖系统（图 10-9）。蛙（或蟾蜍）为雌雄异体，观察时可互换不同性别的蛙（或蟾蜍）。

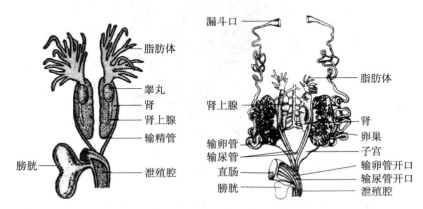

图 10-9　蟾蜍的泄殖系统模式图
左雄性，右雌性

（1）排泄器官

1）肾：为一对红褐色长而扁平分叶的器官，位于体腔后部，紧贴背壁脊柱的两侧。将其表面的体腔膜剥离开即可见。肾的腹缘有一条橙黄色的肾上腺（内分泌腺体）。

2）输尿管：为两肾外缘近后端发出的一对薄壁的灰色细管，它们向后延伸，分别通入泄殖腔背壁。

3）膀胱：位于体腔后端腹面中央，连附于泄殖腔腹壁的一个两叶状薄壁囊。膀胱被尿液充盈时，其形状明显可见，当膀胱空虚时，用镊子将它放平展开，也可看到其形状。

4）泄殖腔：为粪、尿和生殖细胞共同排出的通道，以单一的泄殖腔孔开口于体外。沿腹中线剪开耻骨，进一步暴露泄殖腔，剪开泄殖腔的侧壁并展开腔壁，用放大镜观察腔壁上的输尿管、膀胱，以及雌蛙（或蟾蜍）输卵管通入泄殖腔的位置。（＊输尿管和膀胱是否直接相通？尿液如何流入膀胱和排出体外？）

（2）雄性生殖器官

1）精巢：一对，位于肾腹面内侧，近白色，卵圆形，其大小随个体和季节的不同而有差异。

2）输精小管和输精管：用镊子轻轻提起精巢，可见由精巢内侧发出的许多细管，即输精小管，它们通入肾前端。雄蛙的输尿管兼具输精功能，故也称输精管。

3）脂肪体：位于精巢前端的黄色脂状体，体积在不同季节里变化很大。（＊脂肪体有什么作用？）

（3）雌性生殖器官

1）卵巢：一对，位于肾前端腹面。形状、大小因季节不同而变化很大，在生殖季节极度膨大，内有大量黑色卵，卵未成熟时淡黄色。

2）输卵管：为一对长而迂曲的管子，乳白色，位于输尿管外侧，其前端以喇叭状开口于体腔；后端在接近泄殖腔处膨大成囊状（子宫），开口于泄殖腔背壁。

3）脂肪体：一对，与雄性的相似，黄色，指状。

6. 循环系统

主要观察心外形、内部构造及其周围血管（图10-10），血管系统从略。

心位于体腔前端胸骨背面，在围心腔内，后面是红褐色的肝。在心腹面用镊子夹起半透明的围心膜并剪开，暴露心。从腹面观察心的外形及其周围血管。

（1）心房　　位于心前部的两个薄而有皱襞的囊状体，分别称为左心房和右心房。

（2）心室　　一个，为连于心房之后的厚壁部分，圆锥形，尖端向后。在两心房和心室交界处有一明显的凹沟，称冠状沟，紧贴冠状沟有黄色脂肪体。

（3）动脉圆锥　　由心室腹面右上方发出的一条较粗的肌质管，色淡。其后端稍膨大，与心室相通。其前端分为两支，即左、右动脉干。

用镊子轻轻提起心尖，将心翻向前方，观察心背面，可见静脉窦。

（4）静脉窦　　为心背面一暗红色三角形的薄壁囊。心房和静脉窦之间的一条白色半月形界线为窦房沟。其左右两个前角分别连接左右前腔静脉，后角连接后腔静脉。静脉窦开口于右心房。在静脉窦的前缘左侧，有很细的肺静脉注入左心房。

（5）心的内部结构

1）心瓣膜：房室瓣是位于心房和心室之间、在房室孔周围的两片大型和两片小型的膜状瓣。半月瓣是位于心室和动脉圆锥之间的一对半月形的瓣膜。螺旋瓣是动脉圆锥内的一个腹面游离的纵行瓣膜。(＊这些瓣膜各有何作用?)

2)在左右心房背壁上,分别有肺静脉通入左心房的开口和静脉窦通入右心房的开口,用鬃毛分别从这两个开孔探入肺静脉和静脉窦进行观察。

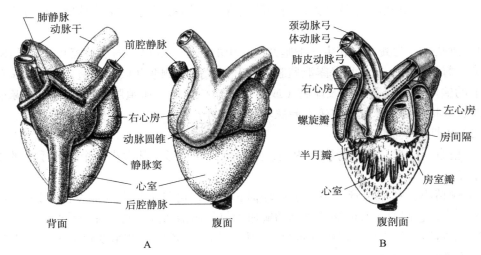

图 10-10　蛙心外形(A)和腹剖面(B)模式图(引自许崇任和杨红,2008)

(6)动脉系统　　用镊子仔细剥离心前方左、右动脉干周围的肌肉和结缔组织,可见左、右动脉干出围心腔后,每支又分成 3 支,即颈(总)动脉弓、体动脉弓和肺皮动脉弓,具体从略。

(7)静脉系统　　静脉多与动脉并行,可分为肺静脉、体静脉和门静脉 3 组来观察,具体从略。

7.示范

(1)神经系统　　观察蛙的神经系统(图 10-11)。

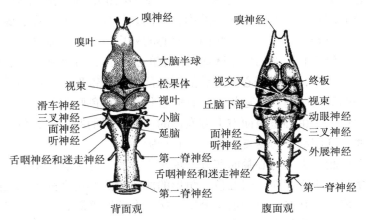

图 10-11　蛙的脑模式图(引自许崇任和杨红,2008)

(2)骨骼系统　　观察蛙的骨骼标本(图 10-12)。

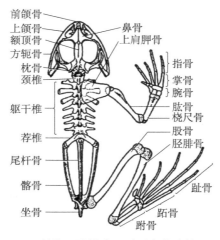

前颌骨
上颌骨
额顶骨
方轭骨
枕骨
颈椎

躯干椎

荐椎

尾杆骨

髂骨

坐骨

鼻骨
上肩胛骨

指骨
掌骨
腕骨
肱骨
桡尺骨
股骨
胫腓骨

趾骨

跖骨
跗骨

图 10-12　蛙的骨骼模式图（引自黄诗笺，2006）

【作业与思考】

1）根据蛙（或蟾蜍）心搏起源分析的实验结果说明两栖类心的起搏点是静脉窦。

2）根据实验观察，说明不同类型血管的形态和血流特点如何与生理机能相适应。

3）分析实验结果，说明反射弧的组成及各组成部分的机能。

4）通过实验观察，分析阐明两栖类各器官系统在形态结构和功能上对陆地生活的初步适应及其适应的不完善性。

实验十一　家鸽的外形与内部解剖

家鸽（*Columba livia domestica*）属鸟纲（Aves），鸽形目（Columbiformes），鸠鸽科（Columbidae），鸽属（*Columba* sp.）。家鸽外形和内部构造反映了鸟类的基本特征和适应飞翔生活的特征。

鸟类适应飞翔生活的特征：流线形体型；体表被羽毛；前肢特化成翼；骨骼轻而愈合；龙骨突和胸部肌肉发达；无牙齿、直肠短、无膀胱、生殖器官只一侧发达；与肺相连的气囊；高而恒定的体温及高代谢率；发达的神经系统和感觉器官；较完善的繁殖方式等。

【实验目的】

1）掌握鸟类处死、解剖和观察方法。

2）通过对家鸽外形和内部构造的观察，掌握鸟类各器官、系统的基本结构特征和适应飞翔生活的特征。

【实验内容】

1）家鸽的外形观察。

2）家鸽的处死。

3）家鸽的内部解剖和观察。

4）家鸽骨骼系统示范与观察。

【实验材料与用品】

（一）材料

活家鸽（雌雄各半），家鸽整体骨骼标本。

（二）用品

解剖盘，解剖器械（粗剪刀、解剖剪、解剖刀、解剖镊、骨钳、解剖针），脱脂棉，洗耳球，玻璃管或塑料管，细绳，吸水纸，废物缸，5ml一次性注射器（5号针头）。

【操作与观察】

（一）家鸽外部形态观察

家鸽身体呈纺锤形，体表被羽，具流线型的外廓。身体可分为头、颈、躯干、尾和四肢等部分。

1. 头

头前端具上、下颌延伸形成的喙。上喙基部的皮肤隆起称为蜡膜，其下方两侧各有一裂缝状的外鼻孔。眼大而圆，具有活动的眼睑及半透明的瞬膜（在眼眶的前上角）。眼后下方有被羽毛（耳羽）遮盖的椭圆形的外耳孔，鼓膜内陷形成浅短的外耳道，家鸽不具耳廓。

2. 颈

颈细长，活动灵活。

3. 躯干

躯干略呈卵圆形，两侧有翼，后端腹侧、尾的下面具有裂缝状的泄殖腔孔。

4. 四肢

前肢特化为翼（或称为翅），其上着生各种羽毛（图11-1），适于飞翔。后肢上部被羽，下部被角质鳞片，足具4趾（3前1后），趾端具爪。

5. 尾

尾短，具尾羽。尾的基部背面具有一对呈乳头状突起的尾脂腺，为鸟类唯一的皮脂腺，分泌油脂以保护羽毛。

6. 羽的分布及类型识别

家鸽体表有羽区和裸区之分。按羽毛构造可区分为正羽（翮羽）、绒羽和纤羽（毛羽）3种（图11-2）。正羽由羽轴和羽片构成，覆盖全身各处。各种鸟类正羽的色彩及在翼部和尾部的数目是恒定的，是鸟类分类的依据。取一飞羽，注意观察羽轴和两瓣羽片。羽轴的下段不见羽毛的部分称羽柄或羽根，其下部深入皮肤内。羽轴上段称羽干，羽干两侧斜生许多平行的羽枝，每一羽枝的两侧又生出许多带钩或齿的羽小枝，由羽小枝互相勾连组成扁平的羽片。纵切羽柄，可见有一成链状排列而柔软的角质幅状物，称为翮心，为活体时血管输送营养的通路。绒羽由于羽轴细长，羽枝柔软松散似绒，羽小枝无钩，多分布在正羽的下面。纤羽由于羽轴细小如丝状，仅上方有少量短小的羽枝，着生在正羽及绒羽之间（拔去正羽和绒羽后可见）。

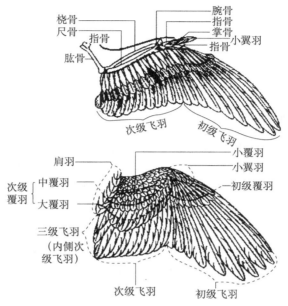

图 11-1　鸟翼上的各种羽毛（引自郑作新，2002）

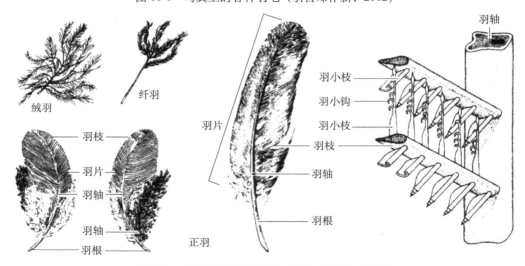

图 11-2　羽毛的结构和分类（引自左仰贤，2010）

（二）家鸽处死

解剖前，可选择以下方法之一将家鸽处死。

1. 窒息法

压迫窒息：一手握住家鸽双翼并紧压腋部，另一手以拇指和食指压住蜡膜，中指托住颏部，使鼻孔与口均闭塞，致其窒息而死。

水中窒息：将家鸽的整个头部浸入水中，使其窒息而死。或用绳系于颈部，用力捏住家鸽的胸部，数分钟后家鸽可窒息死亡。

2. 乙醚麻醉法

实验前 10~20min 将家鸽放入装有乙醚的钟形罩中处死。

3. 肱静脉空气注射法

拔去肘关节处羽毛，可见翼的腹面肱骨与桡尺骨之间暗红色的肱静脉，将注射器针头刺入此静脉中并注射空气，形成气栓导致家鸽死亡。

（三）家鸽的内部解剖和观察

将处死的家鸽腹部向上置于解剖盘中，用水打湿腹中线的羽毛，顺着羽毛方向拔掉羽毛。注意拔羽毛时按住颈部的薄皮肤，每次不超过 3 枚，以免将皮肤撕破。将拔下的羽毛放在盛有水的大烧杯中，以免飘散。然后用解剖刀沿着龙骨突切开皮肤，切口向前至喙基，向后至泄殖腔，用解剖刀钝端（或钝镊子）向左右两侧剥开皮肤，即可看到气管、食道和胸大肌。分离颈部皮肤和肌肉时要十分小心，不要损伤颈部的嗉囊、血管和壁薄而透明的气囊。在家鸽颈的基部套上一个绳套结，将一根塑料细管或玻璃管从口腔插入喉头气管中，用洗耳球向内吹气，当腹腔和颈部被吹胀时停止吹气，同时扎紧套结。

先观察胸部的肌肉（图 11-3）。胸骨的龙骨突两侧为胸大肌，起于龙骨突外侧，止于肱骨腹侧。沿着龙骨突两侧及叉骨边缘小心切开胸大肌，用镊子牵动肌肉，观察翼的活动，了解其机能。在胸大肌的深层是胸小肌，起于龙骨突的内侧，止于肱骨的背侧。用镊子提起并牵引胸小肌，注意观察翼的活动情况。胸大肌使翼下扇，胸小肌使翼上抬。

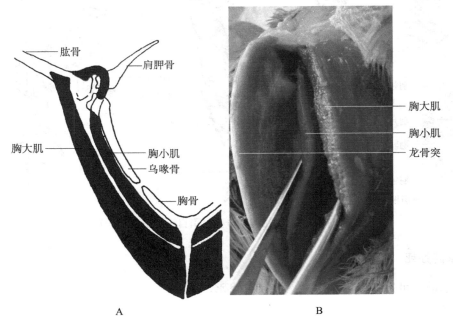

图 11-3　家鸽胸部肌肉

A. 家鸽胸部肌肉模式图（仿刘凌云和郑光美，1997）；B. 家鸽胸部肌肉照片接下来观察呼吸系统中的气囊（图 11-4）。分离颈部的皮肤和肌肉时，注意在气管的两侧有成对透明的囊状结构为颈气囊。将嗉囊轻轻地拉开，可见在锁骨之间有锁间气囊。在泄殖腔孔稍前方提起腹壁剪一切口，注意剪刀尖不能向下，以免损坏气囊。沿腹腔中线剪至胸骨后缘，再沿胸骨两侧剪开，小心提起胸骨将两侧的肋骨自后向前剪断。提起胸骨和肋骨自后向前观察，后腹部有一对腹气囊，其前方为一对后胸气囊，再向前是一对前胸气囊。

观察气囊之后，沿着胸骨两侧继续向前剪，剪断肩带的乌喙骨和锁骨并移去，胸腹腔的内脏即露出，注意先观察内脏的自然位置（图 11-5），再依次观察各器官系统。

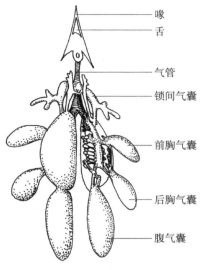

图 11-4　家鸽的气囊
（仿刘凌云和郑光美，1997）

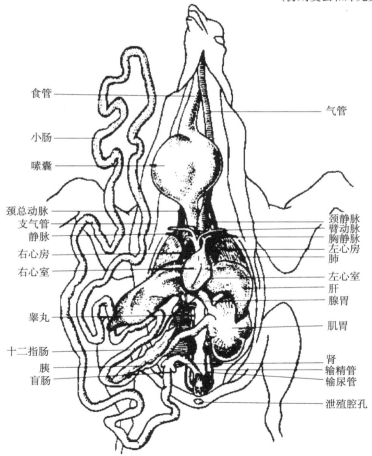

图 11-5　雄家鸽的内部结构（引自黄诗笺，2006）

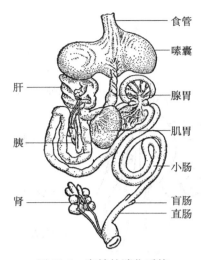

图 11-6 家鸽的消化系统
（仿 Young，1981）

1. 消化系统

消化系统包括消化道和消化腺（图 11-6）。

（1）消化道

1）口腔：剪开口角进行观察。在口腔顶部具一纵裂，内鼻孔开口于此，口腔底部为舌，其前端呈箭头状。

2）食道和嗉囊：食道长且较宽，具有伸缩性，沿颈腹面左侧下行，于颈基部膨大成嗉囊。嗉囊可暂时贮存食物，并可部分软化食物。

3）胃：由腺胃和肌胃组成。腺胃又称前胃，为嗉囊后方一略膨大的部分，剪开腺胃观察内壁上丰富的消化腺。腺胃后方是膨大的肌胃，又称砂囊，肌胃形如双凸透镜，表面被闪光的腱膜所覆盖，用刀切开，可见其肌肉壁很厚，内壁覆盖有黄绿色的硬角质膜，内藏有砂粒。（＊砂粒有何作用？）

4）小肠：盘曲于腹腔内，前端呈"U"形弯曲的部位为十二指肠（在此弯曲的肠系膜内，有胰着生）。注意观察胆管和胰管在十二指肠的开口位置。十二指肠以后的小肠部分长而弯曲。

5）盲肠：位于小肠和大肠交界处，一对短小的豆状器官。

6）直肠（大肠）：短而直，末端开口于泄殖腔，借泄殖腔孔通向体外。

（2）消化腺

1）肝：位于腹腔前缘，红褐色。分左、右两大叶，右叶背面有一凹陷处伸出两条胆管，家鸽无胆囊。

2）胰：位于十二指肠弯曲部的肠系膜上，淡黄色，分背、腹、前三叶。将肠与胰分开可找到 3 条胰管，腹叶发出两条胰管通向十二指肠升部的中间及胆管开口前，将十二指肠翻向右前方，背叶发出一条胰管通往十二指肠起始部。

2. 呼吸系统

（1）外鼻孔　　外鼻孔一对，位于上喙基部背面的两侧，蜡膜的前下方，向内通入鼻腔。

（2）内鼻孔　　内鼻孔位于口腔顶部中央的纵行沟内。

（3）喉　　喉位于舌根之后，中央长而狭的裂缝即喉门。

（4）气管　　气管由许多骨质环组成。气管末端分为两条支气管入肺。在气管与支气管相连处有一较膨大的鸣管（图 11-7），是鸟类特有的发声器官。

（5）肺　　肺一对，嵌在胸腔背

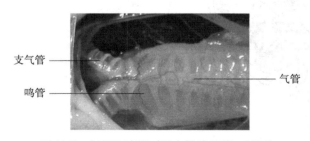

图 11-7 气管和鸣管（引自杨琰云等，2005）

壁，致密的海绵状，鲜红色，弹性较小。

（6）气囊 气囊是与肺连接的数对膜状囊，分布于颈、胸、腹和骨骼的内部（前面已经观察过），是鸟类特有的结构，与鸟类飞翔生活关系密切。

3. 循环系统（图11-8）

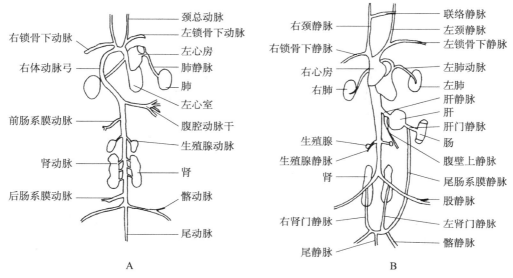

图11-8　家鸽的循环系统（仿郝天和，1959）
A. 动脉；B. 静脉

（1）心 心位于胸腔内，相对体积比较大。用镊子拉起心包膜将其剪开，可见心被脂肪带分隔成前后两部分：前面薄壁为左、右心房；后面厚壁为左、右心室。

观察动脉和静脉血管后将心取下，沿着心的左、右侧各纵剖一刀，即可看到左心房和左心室之间有二尖瓣，右心房和右心室之间有肌肉瓣。

（2）动脉 用镊子轻轻提起心，可见由左心室发出向右弯曲的右体动脉弓，其向前分成左、右两条灰白色的无名动脉，无名动脉分出向前的颈动脉进入头部，锁骨下动脉到前肢，胸动脉到胸肌。轻轻提起右侧的无名动脉，将心略往下拉，可见右体动脉弓绕过右支气管后到达心背侧，成为背主动脉沿脊柱后行，沿途发出许多血管到其他内部器官。再将左、右无名动脉稍提起，可见肺动脉从右心室发出，分两支后到达左、右肺。

（3）静脉 一对前腔静脉和一条后腔静脉，汇入右心房。肺静脉回到左心房。

解剖观察可见家鸽心体积大，分4个腔，体动脉弓只留下右侧的一支，动、静脉血液分开，血液循环为完善的双循环。（＊这些与其飞翔生活有何关系？）

（4）脾 脾位于十二指肠附近，为一卵圆形的红褐色小球，属于淋巴器官。

（5）胸腺 幼鸟胸腺发达，为一对长索状结构。性成熟时发生退化。

（6）法氏囊（腔上囊） 法氏囊是位于泄殖腔背侧黄色圆形的盲囊，为鸟类特有的中心淋巴器官。

4. 泄殖系统（图 11-9）

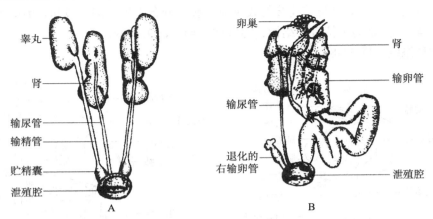

图 11-9　家鸽的泄殖系统（仿刘凌云和郑光美，1997）

A. 雄性；B. 雌性

（1）排泄系统

1）肾：一对，各分为 3 叶，红褐色，长扁形，紧贴于体腔背侧脊柱两侧。前叶前端具肾上腺，颜色较浅。

2）输尿管：一对，沿体腔腹面下行，通入泄殖腔。无膀胱。

3）泄殖腔：消化、排泄、生殖系统末端共同汇于此，由泄殖腔孔通往体外。

（2）生殖系统（实验者可交换观察雌、雄动物）

1）雄性：一对白色睾丸，位于肾的前叶腹面，卵圆形，大小不等，成体家鸽的睾丸较大。从睾丸伸出输精管，与输尿管平行入泄殖腔。多数鸟类无交配器。

2）雌性：右侧卵巢和输卵管退化。左侧卵巢位于肾的前叶腹面，呈葡萄状，内有不同大小的卵泡。左侧输卵管迂回发达，前端呈喇叭状开口于体腔，后端是蛋白分泌部、峡部，输卵管后方是子宫、阴道，开口于泄殖腔。

5. 内分泌系统

（1）甲状腺　　一对，位于嗉囊后下方，颈动脉旁的暗红色椭球形腺体。

（2）肾上腺　　一对，位于两肾前叶前方的黄褐色腺体。

6. 神经系统（选做，图 11-10）

将家鸽剪掉头部，去除皮肤，浸泡于 10% 福尔马林-硝酸溶液中 1～2d 脱钙软化后，剥离肌肉和结缔组织，用剪刀从枕骨大孔向前剥离头骨，暴露脑部。脑体积很大，短宽而圆。

（1）大脑　　脑前部，左、右两大脑半球表面光滑，向前突出呈椭圆形的嗅叶。

（2）间脑　　大脑半球向两侧分开后可见的圆形隆起。

（3）中脑　　中脑位于大脑半球后下方的两侧，背侧向两侧突出形成两个发达的圆形视叶。

（4）小脑　　前接大脑半球，比较发达。中间为蚓状体，两侧为小脑卷。

（5）延脑　　延脑位于小脑之后，与脊髓相连。

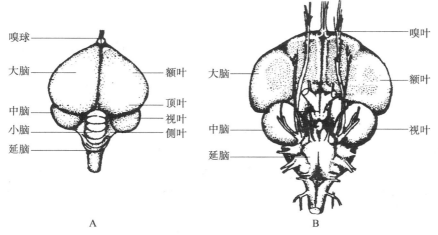

图 11-10　家鸽的脑（仿丁汉波，1982）

A. 背面观；B. 腹面观

（四）家鸽骨骼系统示范与观察

观察家鸽整体骨骼标本（图 11-11）。

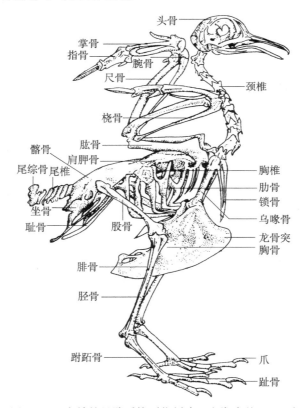

图 11-11　家鸽的骨骼系统（仿刘凌云和郑光美，1997）

1. 头骨

头骨多由薄骨片紧密相连。前为颜面部，上、下颌延伸成喙，无牙齿。后为顶枕部，腹面有枕骨大孔，具单一枕髁。头骨两侧有大而深的眼眶，其后有小的耳孔。

2. 脊柱

脊柱由颈椎、胸椎、腰椎、荐椎和尾椎五部分构成。除颈椎及尾椎外，大部分椎骨愈合。

（1）颈椎　　14块，彼此分离。第1颈椎特化为寰椎，前侧有凹面与头骨的单一枕髁相连。第2颈椎为枢椎。其余的颈椎为马鞍型椎体。

（2）胸椎　　5块胸椎互相愈合，每一胸椎各具一对硬骨质的肋骨伸至胸骨。

（3）愈合荐骨（综荐骨）　　最后一块胸椎、全部的腰椎（5或6块）、荐椎（两块），以及前部尾椎（5块）相互愈合成愈合荐骨，两侧与腰带相连。

（4）尾椎　　愈合荐骨后方有6块可活动的尾椎，脊柱最末端的4块尾椎愈合成尾综骨。

3. 肩带、前肢及胸骨

（1）肩带　　肩带由肩胛骨、乌喙骨和锁骨组成。肩胛骨狭长，位于肋骨背侧，与脊柱平行；乌喙骨粗壮，前端与肩胛骨形成肩臼，后端伸向腹侧与胸骨连接；锁骨细长，位于乌喙骨之前，左、右锁骨在腹端愈合成"V"形叉骨（鸟类特有）。

（2）前肢　　前肢由肱骨、桡骨、尺骨、腕骨、掌骨和指骨组成，观察前肢骨时注意腕骨、掌骨合并情况和指骨退化情况。

（3）胸骨　　胸骨位于躯干前方正中，其腹侧中央具三角形的片状凸起为龙骨突。胸椎、肋骨和胸骨形成胸廓。

4. 腰带与后肢

（1）腰带　　腰带由髂骨、坐骨、耻骨组成。髂骨位于背侧，与脊柱的愈合荐骨相连，其外侧连接坐骨。耻骨细长，位于坐骨外侧腹缘。左、右耻骨腹中线部分不愈合，构成开放性骨盆。

（2）后肢　　后肢由股骨、胫骨、腓骨、跗跖骨和趾骨组成，观察后肢时注意骨骼愈合情况及趾骨排列情况。

【作业与思考】

1）运用生物绘图法绘制家鸽消化系统结构图，标注各部分结构名称。

2）根据实验体会，总结家鸽解剖及观察中的操作要点。

3）通过实验观察总结鸟类适应飞翔生活的形态结构特征。

4）鸟类能较长时间不喝水，这与哪些结构特征有关？

5）制作家鸽羽毛标本。

实验十二 鸟 纲 分 类

世界现存鸟类约9800种，是脊椎动物中的第二大纲，仅次于鱼类。中国鸟类生物多样性居于世界前列，在我国约有1300种鸟类有分布记录。鸟纲分为古鸟亚纲和今鸟亚纲，现存的今鸟亚纲可分为平胸总目、企鹅总目和突胸总目。鸟类的系统分类仍在不断完善和发展。

【实验目的】

1）掌握现代鸟类的分类依据、鸟类的测量方法和常用术语。
2）学习使用鸟类分目检索表。
3）认识常见和重点保护的鸟类。

【实验内容】

1）学习常用的鸟体测量术语。
2）学习鸟纲分类的相关术语和观察中国鸟类各主要目代表鸟类的形态特征。
3）鸟类分目检索表的使用。

【实验材料与用品】

（一）材料

中国鸟类各主要目代表鸟类的剥制标本。

（二）用品

卡尺，卷尺，放大镜，显微镜。

【操作与观察】

（一）鸟类的分类依据

1.常用鸟体测量术语（图12-1）
（1）全长　自嘴端至尾端的长度（剥制前的量度）。
（2）嘴峰长　自嘴基生羽处至上喙先端的直线距离，即上喙顶脊的长度。
（3）翼长　自翼角（即腕关节）至最长飞羽先端的直线距离。
（4）尾长　自尾羽基部至最长尾羽末端的长度。
（5）跗跖长　自跗间关节的中点，至跗跖与中趾关节前面最下方的整片鳞下缘的直线距离。
（6）体重　标本采集后所称量的重量。

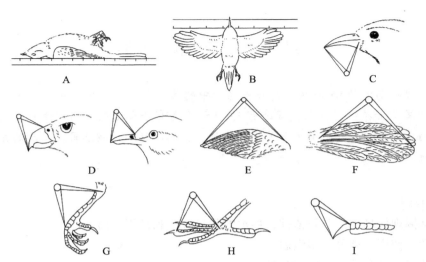

图 12-1　鸟类的测量（引自白庆笙等，2007）
A. 全长；B. 展翅长；C. 口裂长；D. 嘴峰长（不包括蜡膜）；E. 翼长；F. 尾长；G. 跗跖长；H. 趾长；I. 爪长

2. 分类的有关术语（图 12-2）

（1）头部　　自前向后可分为额、头顶、枕部等。

1）额：或称前头，头的最前部，与上喙基部相接。

2）头顶：头的正中部。

3）枕部：头顶之后。

4）眼先：嘴角之后和眼的前方。

5）围眼：眼周围区。

6）颊：眼的下方、喉的上方，下喙基部的上后方。

7）耳羽：位于眼的后方，耳孔外的羽毛。

8）颏：位于下喙基部的后下方，喉的前方。

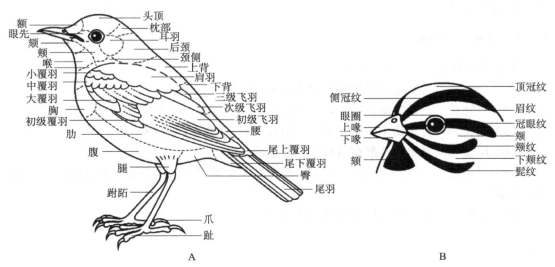

图 12-2　鸟类的外部形态（引自赵欣如，2018）
A. 全身；B. 头

（2）颈部

1）颈项（上颈）：与枕部相接，位于下颈的前部。

2）下颈：位于颈项的后部，与背部相接。

3）颈侧：颈部的两侧。

4）喉：颏的后方。

5）前颈：喉的后部，胸的前部。

（3）躯干

1）背：分为上背（即肩间部）与下背。

2）腰、胸侧、肋、胸（包括上胸与下胸）、腹和肛周。

（4）羽毛（图 12-3）

1）飞羽：初级飞羽（着生于掌骨和指骨）、次级飞羽（着生于尺骨后缘）、三级飞羽（为最内侧的飞羽，着生于肱骨）。

2）上覆羽：位于两翼背侧表面的羽毛，依与不同飞羽相对应的位置，可分为初级覆羽和次级覆羽（可分为大、中、小 3 种覆羽）。

3）下覆羽：位于两翼腹侧的表面，一般不再细分。

4）小翼羽：位于初级覆羽的上面，附着于第一指骨上，即近翼角处丛羽。

5）腋羽：位于翼基部的下方。

6）冠羽：头顶特别长或耸起的羽毛，如戴胜。

7）蓑羽：鹭科鸟类婚期特有的羽毛，在背部与肩部长满疏松丝状的长羽。

8）帆羽：鸳鸯雄鸟次级飞羽的变形。

9）翼镜：鸭类等鸟的次级飞羽上有金属闪光的部位。

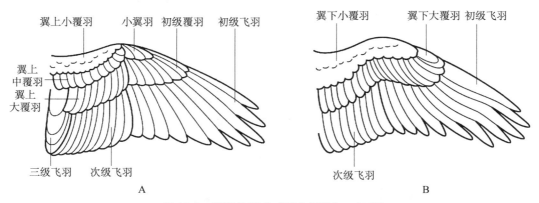

图 12-3 鸟翼的羽毛（引自赵欣如，2018）
A. 鸟翼背面；B. 鸟翼腹面

（5）喙的形状

1）钩曲状：如鹰、隼等。

2）楔状：如啄木鸟等。

3）短粗的圆锥状：如麻雀等。

4）扁平宽阔具缺刻：如绿头鸭等。

5）强直而端尖：如鹤、鹭等。

6）短而基部宽阔：如家燕等。

7）上下喙左右交叉：如交嘴雀等。

（6）翼端的形状（图12-4）

1）圆翼：最外侧飞羽较其内侧的短，形成圆形翼端，如黄鹂等。

2）尖翼：最外侧飞羽（若退化飞羽存在时，不予计入）最长，其内侧数枚飞羽逐渐缩短，形成尖形翼端，如隼、家燕等。

3）方翼：最外侧飞羽（退化飞羽不计入）与其内侧数羽几乎等长，形成方形翼端，如八哥等。

4）夜行鸟的翼：羽绒状，具栉缘，轻而无声，如鸮、夜鹰等。

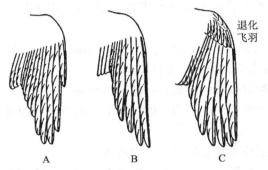

图 12-4　鸟翼的各种基本类型（引自郑作新，2002）
A. 圆翼；B. 尖翼；C. 方翼

（7）尾型（图12-5）　根据中央尾羽和外侧尾羽的长度比较，尾可分为以下几种。

1）中央尾羽与外侧尾羽等长：平尾，即中央尾羽与外侧尾羽长短相等，如鹭等。

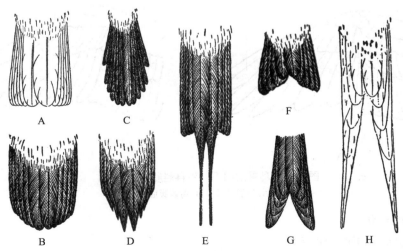

图 12-5　鸟尾的各种类型（引自郑作新，2002）
A. 平尾；B. 圆尾；C. 凸尾；D. 楔尾；E. 尖尾；F. 凹尾；G. 叉尾；H. 铗尾

2）中央尾羽比外侧尾羽长。

A. 圆尾：长短相差不显著，如八哥等。

B. 凸尾：长短相差较大，如伯劳等。

C. 楔尾：长短相差更大，如啄木鸟等。

D. 尖尾：长短相差极大，如蜂虎等。

3）中央尾羽比外侧尾羽短。

A. 凹尾：长短相差甚少，如沙燕等。

B. 燕尾（叉尾）：长短相差较显著，如家燕等。

C. 铗尾：长短相差极显著，如燕鸥等。

（8）跗跖部被鳞（图12-6）

1）网状鳞：跗跖骨前部具有的小型多角形鳞片，如鸢等。

2）盾状鳞：跗跖骨前部具有的横列的鳞片，如鹭等。

3）靴状鳞：跗跖骨前部具有的连成整片的鳞片，如鸫等。

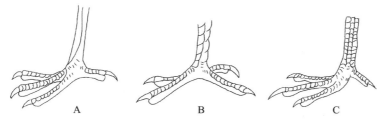

图12-6　鸟类的跗跖部被鳞类型（引自白庆笙等，2007）

A. 网状鳞；B. 盾状鳞；C. 靴状鳞

（9）趾型（图12-7）　　通常为4趾，依其排列的不同，可分为多种。

1）不等趾型（常态足）：第1趾向后，第2、3、4趾向前，如鸡等。

2）对趾型：第1、4趾向后，第2、3趾向前，如啄木鸟等。

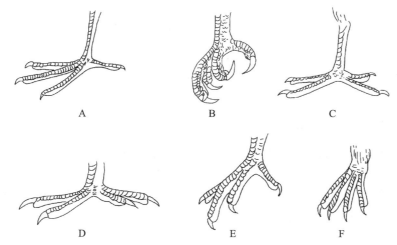

图12-7　鸟足的形态（引自白庆笙等，2007）

A. 不等趾型；B. 转趾型；C. 对趾型；D. 异趾型；E. 并趾型；F. 前趾型

3）异趾型：第1、2趾向后，第3、4趾向前，如咬鹃等。

4）转趾型：与不等趾型相似，但第4趾可转向后，如雕鸮等。

5）前趾型：4个趾均向前，如雨燕等。

6）并趾型：与不等趾型相似，但前3趾的基部有不同程度的愈合，如翠鸟等。

（10）蹼型（图12-8）　　大多数水禽及涉禽具有蹼，可分为以下几种。

1）全蹼足：4趾间均有蹼，如鸬鹚等。

2）满蹼足：前3趾间有完全的蹼相连，如鸭等。

3）半蹼足：蹼大部分退化，仅在趾间基部留存，如鹭等。

4）瓣蹼足：趾的两侧有叶状瓣膜，如䴙䴘等。

5）凹蹼足：与满蹼足相似，但蹼膜的中部向内凹入，如燕鸥等。

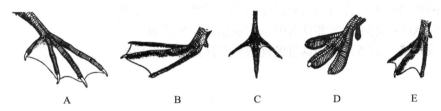

图12-8　鸟蹼的各种类型（引自郑作新，2002）

A.全蹼足；B.满蹼足；C.半蹼足；D.瓣蹼足；E.凹蹼足

（11）腭型　　头骨的上颌骨向内侧有一对突起伸到腭部，称为颌腭突，根据颌腭突可将鸟类的腭型分为4种。

1）裂腭型：左右两侧颌腭突较小，在中央不合并，因此在腭部中间有裂缝，犁骨很发达，呈尖形，如鸡形目等。

2）索腭型：左右两侧颌腭突在中央合并，犁骨小或退化，如雁形目等。

3）雀腭型：基本为裂腭型，但犁骨呈平截状，如雀形目等。

4）蜥腭型：基本为裂腭型，但犁骨两块，如啄木鸟等。

（12）雏鸟类型

1）早成鸟：孵出的幼鸟密生羽毛，能行走和独立取食，如雁形目、鸡形目、鸻形目、鹤形目等。

2）晚成鸟：孵出的幼鸟仅被初生羽，不能行走和独立活动，需要亲鸟的哺育，如鹳形目、鸽形目、隼形目、鸮形目、雀形目等。

（二）鸟纲分目检索表的使用

检索表是对动物进行鉴别和分类的主要工具，使用方法如下。

首先观察动物的形态构造特征，逐条核对检索表所列的相对应的特征，看其符合哪一条，再在此条下查对下一级相对应的特征，如此继续，直到查到属和种。根据所提供的鸟类标本，依照下表，对其目别进行检索。

常见鸟类分目检索表

1. 足适于游泳，有发达的蹼 ·· 2
   足适于步行，无蹼或蹼不发达 ··· 7
2. 鼻呈管状 ·· 鹱形目（Procellariiformes）
   鼻不呈管状 ·· 3
3. 趾间具全蹼 ·· 鹈形目（Pelecaniformes）
   趾间不具全蹼 ··· 4
4. 嘴通常平扁，先端具嘴甲；雄性具交接器 ··············· 雁形目（Anseriformes）
   嘴不平扁，先端无嘴甲；雄性不具交接器 ····················· 5
5. 翅尖长；尾羽正常发达 ································· 鸥形目（Lariformes）
   翅短圆；尾羽甚短，被覆羽所掩盖 ······························· 6
6. 向前的 3 趾间具蹼 ································· 潜鸟目（Gaviiformes）
   前趾各具瓣蹼 ································· 目䴙䴘（Podicipediformes）
7. 颈和足均较短；胫全被羽 ······································· 10
   颈和足均较长；胫下部裸出 ····································· 8
8. 后趾发达，与前趾同在一水平面上 ········· 鹳形目（Ciconiiformes）
   后趾不发达或完全退化，后趾如存在较其他趾稍高 ····· 9
9. 翅大都短圆，第 1 枚初级飞羽较第 2 枚短；眼先被羽或裸出；趾间无蹼或具瓣蹼
      ································· 鹤形目（Gruiformes）
   翅大都形尖，或长或短，第 1 枚初级飞羽较第 2 枚初级飞羽长或等长（麦鸡属除外）；眼先被羽；趾间蹼不发达或无蹼 ······· 鸻形目（Charadriiformes）
10. 嘴爪均特强锐而弯曲；嘴基具蜡膜 ··························· 11
   嘴爪平直或稍弯曲；嘴基不具蜡膜（鸽形目除外） ····· 13
11. 足呈对趾型；舌厚而为肉质；尾脂腺被羽 ··· 鹦形目（Psittaciformes）
   足不呈对趾型；舌正常；尾脂腺被羽或裸出 ········· 12
12. 蜡膜裸出；两眼侧置；外趾不能反转（鹗属除外）；尾脂腺被羽
      ································· 隼形目（Falconiformes）
   蜡膜被硬须掩盖；两眼向前；外趾能反转；尾脂腺裸出 ···鸮形目（Strigiformes）
13. 3 趾向前，1 趾向后（后趾有时缺少）；各趾彼此分离（除极少数外）······· 21
   趾不具上列特征 ··· 14
14. 足大都呈前趾型；嘴短阔而平扁；无嘴须 ········· 雨燕目（Apodiformes）
   足不呈前趾型；嘴强而不平扁（夜鹰目除外），常具嘴须 ··· 15
15. 足呈异趾型 ······································· 咬鹃目（Trogoniformes）
   足不呈异趾型 ··· 16
16. 足呈对趾型 ··· 17
   足不呈对趾型 ··· 18
17. 嘴强直呈凿状；尾羽通常坚挺尖出 ··········· 裂形目（Piciformes）

嘴端稍曲，不呈凿状；尾羽正常 ……………………… 鹃形目（Cuculiformes）

18. 嘴长或强直，或细而稍曲；鼻孔不呈管状；中爪不具栉缘 ……………………… 19

嘴短阔；鼻孔通常呈管状；中爪具栉缘 ……………… 夜鹰目（Caprimulgiformes）

19. 具扇状冠羽 ……………………………………………… 戴胜目（Upupiformes）

不具扇状冠羽 …………………………………………… 20

20. 嘴上通常具有盔突 ……………………………………… 犀鸟目（Bucerotiformes）

嘴上无盔突 ……………………………………………… 佛法僧目（Coraciiformes）

21. 嘴基柔软，被以蜡膜；嘴端膨大而具角质 …………… 22

嘴全被角质，嘴基无蜡膜 ……………………………… 23

22. 翅端尖形；跗跖被羽；后趾退化或全缺 ……………… 沙鸡目（Pterocliformes）

翅端不呈尖形；跗跖裸出；后趾正常 ………………… 鸽形目（Columbiformes）

23. 后爪不比其他趾的爪长；雄性常具距 ………………… 鸡形目（Galliformes）

常态足，后爪比其他趾的爪长；无距 ………………… 雀形目（Passeriformes）

【作业与思考】

1）选取一或两种鸟类，参考图 12-1 对其外形进行测量。

2）根据所提供的鸟类剥制标本，依照鸟类分目检索表，对其目别进行检索。

实验十三　小白鼠的外形与内部解剖

哺乳动物是动物界中进化程度最高的类群，其内部器官系统结构较复杂、完善，其生理活动、行为等受神经和体液的精确调节。小白鼠属哺乳纲，啮齿目，鼠科，温顺易捉，繁殖力强，饲养成本较低，生活条件易于控制，可复制多种疾病模型，是实验室最常用的一种动物，被广泛应用于生物学和医学领域相关学科的科研及教学工作中。对小白鼠形态结构、生理机能等的深入了解是进一步认识和阐明哺乳动物（包括人）生命活动规律、进行生命科学与医学等科学研究的基础。

【实验目的】

1）熟悉小白鼠的外形及内部解剖结构。

2）熟悉小白鼠的外部测量、捉持方法、采血方法、腹腔注射和皮下注射技术。

3）了解胰岛素调节血糖水平的功能。

【实验内容】

1）小白鼠的捉持、固定、采血和外部测量。

2）观察小白鼠的外形和内部解剖结构。

3）胰岛素惊厥实验。

【实验材料与用品】

（一）材料

小白鼠。

（二）用品

显微镜，天平，恒温箱，灭菌毛细吸管，橡皮吸管滴头，灭菌注射器（1ml）和针头（4号、5号、6号），解剖器材，大头针，蜡盘，鼠笼，灭菌小试管，烧杯（200ml、25ml），载玻片，盖玻片，棉花，大镊子，弯镊或止血钳。

（三）试剂

乙醚，0.9% 生理盐水，50% 葡萄糖溶液，酸性生理盐水（pH 2.5～3.5），胰岛素（2U/ml），1% 肝素溶液，碘酒，75% 乙醇溶液。

【操作与观察】

实验项目和顺序可根据实际情况自行选择和安排。

（一）外形观察与性别鉴定

1. 外形

小白鼠全身被毛，身体分为头、颈、躯干、四肢和尾5个部分。

（1）头　头长形，面部尖突；眼有上、下眼睑；一对大而薄的外耳耸立，呈半圆形；鼻尖，鼻孔一对；鼻孔下方为口，口缘有肉质的上、下唇。

（2）颈　小白鼠有明显的颈部，活动自如。

（3）躯干　躯干长而背面弯曲；腹面末端有外生殖器和肛门；雌鼠乳腺发达，胸、腹部有较明显的乳头。

（4）四肢　前肢肘部向后弯曲，具5指；后肢膝部向前弯曲，具5趾；指（趾）端具爪。

（5）尾　尾长约与体长相等，有平衡、散热和自卫功能，尾部被有短毛和角质鳞片。

2. 性别鉴定

雄鼠的外生殖器与肛门距离较远，两者间有毛；用镊子夹其生殖器，可见到阴茎凸出；年龄较大的雄鼠，可见到阴囊，站位时阴囊内睾丸下垂，温度高时尤为明显。雌鼠的外生殖器与肛门比较靠近，界限不清，中间无毛；成熟雌鼠体腹有明显的乳头（图 13-1）。

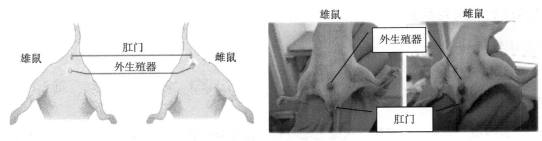

图 13-1　小白鼠性别的鉴定

（二）捉持、固定、注射与灌胃

1. 捉持与固定

右手轻抓鼠尾将鼠提起，放置于鼠笼边缘或其他易于攀抓处，轻轻向后拉鼠尾，用左手的拇指和食指捏住小白鼠两耳后颈背部皮毛，屈曲左手中指固定小白鼠背部，以无名指及小指夹住鼠尾，使小白鼠完全固定（图 13-2）。这种徒手固定的方式适合进行实验动物的灌胃、注射及相关操作。小白鼠较温和，一般不需戴手套捕捉，但也要提防被它咬伤。

图 13-2　小白鼠的捉持

如进行解剖和心采血等操作，需将小白鼠麻醉后，用细绳捆住小白鼠四肢，采取背卧位将小白鼠四肢固定在解剖台或木板两侧，并将上颚切齿用细绳固定在解剖台或木板前方（图 13-3）。若进行尾静脉注射，应使用小白鼠尾静脉注射固定器固定（图 13-4）。

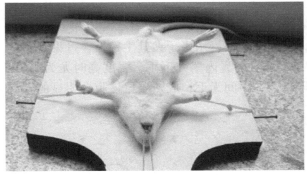

图 13-3　小白鼠固定板固定　　　　图 13-4　小白鼠尾静脉注射固定器固定

2. 注射

（1）皮下注射　注射时以左手拇指和食指提起小白鼠颈背部皮肤，右手将注射器针头（5 号或 6 号）刺入皮下，将针头轻轻向左右摆动，易摆动则表示已刺入皮下，再轻轻抽吸，如无回血，可缓慢地将药物注入皮下（图 13-5）。拔针时，以手指轻按针孔片刻，可防止药液外漏。注射药量一般为 0.1～0.2ml/10g。

（2）皮内注射　一般选择小白鼠背部脊柱两侧皮肤。在注射部位剪毛、消毒后用左手拇指和食指按住皮肤并使之绷紧，在两指中间用 4 号针头紧贴皮肤表层刺入皮内，然后再向上挑起并再稍刺入，即可注射药液（图 13-6），如注射正确，则注药处可出现一白色小皮丘。每只注射药量一般不超过 0.05ml。

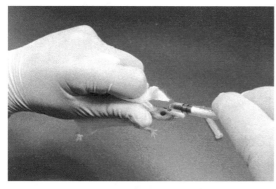

图 13-5　小白鼠皮下注射

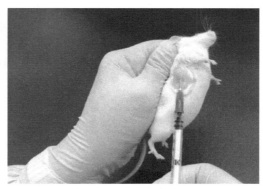

图 13-6　小白鼠皮内注射

（3）肌内注射　应选肌肉发达的部位，一般多选臀部或股部。左手固定小白鼠，右手将针头迅速刺入小白鼠大腿外侧肌肉，回抽如无回血，即可进行注射（图 13-7）。注射药量一般为 0.1ml/10g。

（4）腹腔注射　用左手固定小白鼠，使腹部向上，右手将注射器针头（5 号或 6 号）自左（或右）下腹部向头部方向刺入，使针头向前推 0.5～1.0cm，再以 45° 穿过腹肌，回抽注射器，如无回血或尿液，表明针头未刺入肝、膀胱等脏器，即可缓缓注入药液（图 13-8）。为避免伤及内脏，可使动物处于头低位，使内脏移向上腹，针头刺入位置不宜太高、太深。注射药量一般为 0.1～0.3ml/10g。

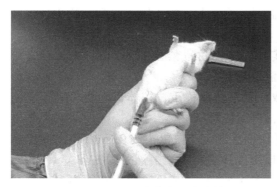

图 13-7　小白鼠肌内注射

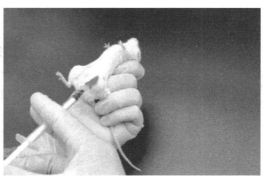

图 13-8　小白鼠腹腔注射

（5）静脉注射　　小白鼠尾静脉有 3 根：左右两侧及背侧各一根。左右两侧尾静脉较易固定，应优先选择。操作时先将小白鼠置于特制的固定筒内或扣在玻璃罩内，使鼠尾外露，置入 45～50℃热水中浸泡片刻，或用 75% 乙醇溶液或二甲苯涂擦，使尾部血管扩张。以左手拇指和食指捏住鼠尾两侧，使静脉充盈，用中指从下面托住鼠尾，用中指和无名指夹住鼠尾末梢；右手持注射器（4 号或 5 号针头），使针头与静脉平行（夹角小于 30°），将针头刺入血管，缓缓注入药液（图 13-9）。如推注有阻力而且局部变白，说明针头不在血管内，应重新穿刺。穿刺时宜从尾尖部 1/4 处静脉开始进针，以便重复向上移位注射。注射药量一般为 0.1～0.2ml/10g。

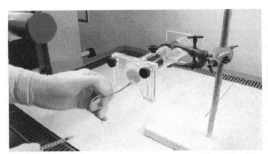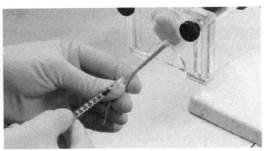

图 13-9　小白鼠尾静脉注射

3. 灌胃

按前述捉持法用左手固定小白鼠，使腹部朝上，右手持装有灌胃针头的注射器，先从鼠口角处插入口腔，以灌胃针管压其上腭，使口腔和食道呈一直线，再把针管沿上腭后壁徐徐送入食道，在稍有抵抗感时（此位置相当于食道通过膈肌的部位），即可注入药液（图 13-10）。如注射顺利，动物安静，呼吸无异常，说明灌胃正确；如动物强烈挣扎，可能是因为针头未进入胃内，必须拔出重插，以免误注入气管造成窒息死亡。一次灌胃量一般为 0.1～0.2ml/10g。

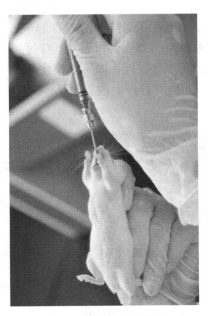

图 13-10　小白鼠灌胃

（三）胰岛素惊厥实验

胰岛素是调节机体血糖的激素之一，当体内胰岛素含量增高时，会引起血糖下降，导致动物出现惊厥现象。

1）实验前将小白鼠禁食 18～24h。（* 为什么小白鼠实验前需禁食？）

2）取 4 只小白鼠称重，按体重随机分为实验组和对照组，每组各两只。

3）采用前法固定小白鼠，按 0.1ml/10g 的量给实验组小白鼠腹腔注射胰岛素溶液（图 13-8）。（* 胰岛素溶液必须用 pH 2.5～3.5 的酸性生理盐水配制、稀释，因为胰岛素在酸性环境中才有效。）

4）给对照组小白鼠腹腔注射等量的酸性生理盐水，注射方法同上。

5）将小白鼠置于30～37℃环境中，观察并比较两组小白鼠的神态、姿势及活动情况。（＊温度过低，反应出现较慢。）

6）当实验组小白鼠出现角弓反张、乱滚等惊厥反应时，记下时间，并立即取出其中的一只，皮下注射（图13-5）50%葡萄糖溶液（注射量为0.1ml/10g）。（＊受小白鼠饥饿状态、温度、胰岛素实际效价等影响，出现反应较慢或反应不明显时，可以适当增加胰岛素的用量，但过高会导致小白鼠快速死亡。）

7）比较对照组小白鼠、惊厥后及时注射葡萄糖的小白鼠，以及出现惊厥而未经抢救的小白鼠的活动情况。（＊为什么经抢救后的小白鼠过一段时间又出现惊厥现象？）

（四）采血

1. 眼眶后静脉丛采血（图13-11）

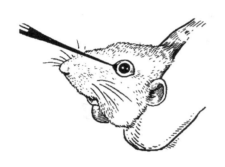

图13-11 小白鼠眼眶后静脉丛采血

1）依前法捉持小白鼠，左手食指放在小白鼠左耳后面，拇指放在右耳上，两手指捏住此两处的皮肤，并使小白鼠的头向左扭转，右眼朝上。由于颈部扭转，阻滞静脉血液回流，使眼眶后静脉丛充血，眼球充分突出。

2）右手持经1%肝素溶液浸泡过的玻璃毛细吸管，与鼠面成45°，将其尖端刺入内侧眼角，以吸管插入的方向为轴，轻轻旋转吸管并沿鼻侧眼眶壁推进以切入静脉丛，当感到血管壁被刺破时即可，但血液不会立即流出。

3）刺破血管壁后，将毛细吸管收回约1mm，血液会流入吸管。如果没有血液流出，检查小白鼠颈部是否正确扭转，重复以上操作。

4）血液停止流入时，再移动吸管，向内、向外移动约1mm，并轻轻转动吸管，若吸管中血液液面不再上升，则拔出吸管，同时立即放松小白鼠，使其血液流动恢复正常，而停止出血。

此法同样适用于大白鼠、豚鼠、家兔，适合用血量少但需重复取血的情况。

2. 摘除眼球采血

抓取小白鼠使眼球突出的方法同上。右手持弯镊或止血钳，夹住一侧眼球，将凸出的眼球摘除。立即将鼠倒置，头部向下，下方接一小试管，使血液滴入小试管中，直至流血停止（图13-12）。

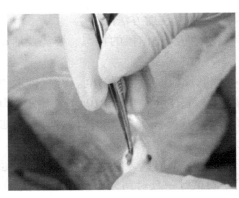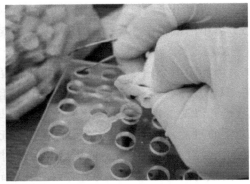

图 13-12　小白鼠摘除眼球采血

此法一般可取鼠体重 4%～5% 的血液量，但只适用于一次性取血。

3. 尾静脉采血

将小白鼠固定后，露出尾巴，用 75% 乙醇溶液涂擦或置入 45～50℃ 热水浸泡，使尾部血管扩张。剪去 1～2mm 尾尖，即可流出血液。如血流不畅，可用手轻轻从尾根部向尾尖部挤压数次（图 13-13）。

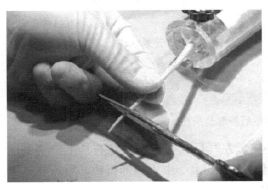

图 13-13　小白鼠尾静脉采血

也可采取交替切割尾静脉的方法采血。用一锋利刀片切开尾静脉一段，将血液滴入试管中。3 根尾静脉可交替切割，并由尾尖向根部切割，切割后用棉球压迫止血。该法适用于反复多次取血。

4. 心采血（图 13-14）

1）将小白鼠仰卧固定在鼠板或蜡盘上，用剪刀将心前区毛剪去，用蘸取碘酒、75% 乙醇溶液的棉球对心部位皮肤进行局部消毒。

2）先吸取少许 1% 肝素溶液润湿针筒，选择心搏最明显的部位进针（一般在胸骨左缘第 3～4 肋间），动作要轻柔。针头刺入心，血液会自然进入注射器。如果认为针头已进入心，但抽不出血液，可以把针头稍微退出或进入一点，徐徐抽取血液。

3）拔出针头，并用干棉球压住针刺处止血。取下针头，将注射器口紧靠一小试管内壁，将血液轻轻推入试管内。

4）拔下针头，将其与注射器一起浸入盛有自来水的烧杯中，以便清洗。

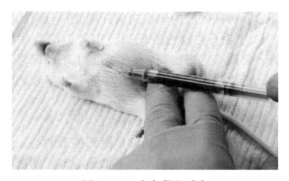

小白鼠较少采用心采血方法，但该方法在大白鼠、豚鼠和家兔中常采用。

5.颈静/动脉、股静/动脉采血

将小白鼠麻醉后仰卧固定，一侧颈部或腹股沟部去毛，切开皮肤，进行颈静脉、颈动脉或股静脉、股动脉分离手术，将注射器针头沿血管平行方向刺入，抽取所需血量。也可将颈静脉或颈动脉用镊子挑起剪断，用试管取血或注射器抽血；股静脉连续多次取血时，穿刺部位应尽量靠近股静脉远心端。

图 13-14　小白鼠心采血

6.断头采血

用左手抓紧鼠颈部位，右手持剪刀，从颈部将鼠头剪掉，迅速将鼠颈向下，对准试管收集颈部流出的血液。

（五）外部测量

小型哺乳动物外部测量如图 13-15 所示。

1）体长：自头的吻端至尾基的直线距离。

2）尾长：自尾基至尾端的直线距离，不计毛长。

3）后足长：自踵部（后跟）至最长趾端的直线距离（不计爪）。

4）耳长：自耳孔下缘至耳壳（不含毛）顶端的距离。

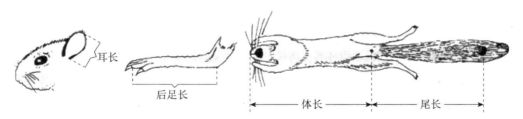

图 13-15　小型哺乳动物外部测量（引自黄诗笺和卢欣，2013）

此外，还可鉴定性别，称量体重，并观察形体各部的一般形状、颜色（包括乳头、腺体、外生殖器等）和毛的长短、厚薄及粗细等。

（六）内部解剖与观察

将小白鼠置于桌面上或蜡盘内，一只手抓住鼠尾，稍用力向后拉，另一只手的拇指和食指迅速捏住小白鼠头的后部（颅骨基部），用力下压，将小白鼠尾稍用力向后上方拉，两只手同时用力，使小白鼠颈椎脱臼造成脊髓断离，小白鼠立即死亡。

1.解剖

将处死的小白鼠腹面向上固定于鼠板或蜡盘上；用棉球蘸水擦湿腹中线上的毛，左手用镊子在外生殖器稍前处提起皮肤，右手用剪刀沿腹中线向前纵向剪开皮肤，直至下颌底；再从四肢内侧横向剪开皮肤；分离肌肉和皮肤，将皮肤展开由大头针固定。

用镊子夹起腹壁肌肉，用剪刀沿腹中线剪开腹壁至胸骨处，沿胸骨两侧剪断肋骨，将胸壁慢慢提起，小心剪断上下的联系，去除胸壁；将肌肉向两侧展开用大头针固定，沿边缘剪开横膈膜及第1肋骨和下颌之间的肌肉，原位观察胸腔和腹腔内各器官的位置。

2. 循环系统（图13-16A）

在胸腔中可以见到略呈倒圆锥形的心，位于两肺之间的围心腔内，心尖偏左，上部是两个形似耳朵的心房，下部是心室。幼鼠心上半部被淡肉色的胸腺覆盖。将胃拨到右侧，在其左侧可以见到红褐色、长椭圆形的脾。

3. 呼吸系统（图13-16B）

颈前方可以看到由软骨（15个）和软骨间膜构成的气管，用手指触摸，感觉有弹性。气管进入胸腔后分为两支分别通入两肺，左、右肺分别位于胸腔两侧，海绵状，呈玫瑰色。小白鼠右肺4叶，左肺一叶。

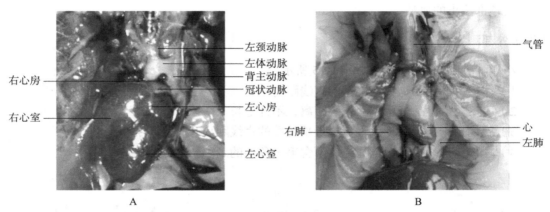

图13-16　小白鼠循环系统（A）和呼吸系统（B）

4. 消化系统（图13-17）

（1）口腔　沿口角剪开颊部及下颌骨与头骨的关节，打开口腔。口腔底有肌肉质舌，上下颌各有2枚门齿和6枚臼齿，无犬齿和前臼齿，其齿式为 $2\frac{1\cdot0\cdot0\cdot3}{1\cdot0\cdot0\cdot3}$，共有16枚牙齿。门齿发达，能终生不断地生长。（*小白鼠门齿有何功能？）

（2）食管和胃　食管开口于咽，位于气管背面，扁管状，穿过横膈与胃小弯处相接；将肝掀至右边，可以观察到口袋状的胃，胃可分为半透明的贲门部和不透明的幽门部。

（3）肠　肠分为小肠和大肠，依肠系膜而盘曲于腹腔内。小肠长约50cm，分为十二指肠、空肠和回肠，十二指肠紧接胃的幽门，后接空肠和回肠，回肠末端与大肠连接；大肠分为盲肠、结肠和直肠，盲肠末端为蚓突，直肠进入盆腔，开口于肛门。

（4）消化腺　在横隔膜下可以见到红褐色的肝，分为左右两部分，右肝内侧有一个黄绿色的胆囊；在胃后方、十二指肠附近可见一些分支的淡黄色腺体，即胰。

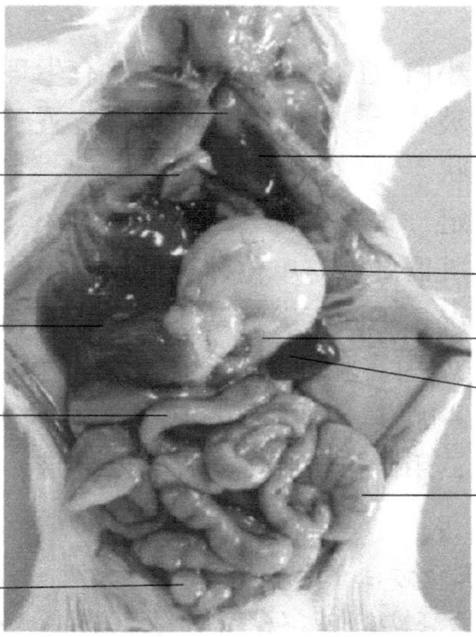

胸腺

肺

肝

小肠

膀胱

心

胃

胰

脾

盲肠

图 13-17　小白鼠消化系统

5. 泄殖系统（图 13-18）

（1）排泄器官　　取出消化系统各部分器官，可见在腹腔背面脊柱两侧紧贴体壁有一对豆形的肾，右肾比左肾的位置略高，肾上方有淡红色的肾上腺。由各肾内缘凹陷处（即肾门）发出一输尿管，通入膀胱，膀胱开口于尿道。雌性尿道开口于阴道前庭；雄性尿道通入阴茎开口于体外，兼有输精功能。

（2）雄性生殖器官　　雄鼠的腹腔下端膀胱两侧有一对睾丸（精巢），椭圆形，成熟后坠入阴囊。附睾一对，附睾可分为附睾头、附睾体和附睾尾：头部紧附于睾丸上部，体部沿睾丸的一侧下行，尾部与输精管相接。两个睾丸各连一条白色、很细、不易看到的输精管，开口于尿道，通入阴茎开口于体外，阴茎为交配器官，还有精囊和精囊腺、凝固腺、前列腺等副性腺。

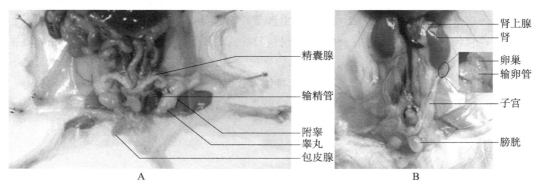

精囊腺

输精管

附睾

睾丸

包皮腺

肾上腺

肾

卵巢

输卵管

子宫

膀胱

A

B

图 13-18　小白鼠泌尿生殖系统
A. 雄性；B. 雌性

（3）雌性生殖器官　　雌鼠腹腔背壁两侧肾后方各有一个卵巢，近似蚕豆形，常不易看到。输卵管一对，盘绕紧密，包围着卵巢。输卵管后端膨大部分为子宫角，子宫角和子宫体呈"Y"形。阴道前部与子宫相连，后部开口于体外。在阴道口的腹面稍前方有一隆起，为阴蒂。

（4）精子的观察　　取小白鼠的附睾组织放入盛有生理盐水的小烧杯中，剪碎，用吸管吸取一滴组织悬液于载玻片上，轻轻盖上盖玻片，置于低倍镜下观察，可见精子的头部呈镰刀形，尾部呈细丝状。

6. 小白鼠脏器指数的测定

内脏重量与体重之比（脏器湿重与单位体重的比值）称脏器指数，可反映实验动物的营养状态和内脏的病变情况，不同年龄的动物脏器指数有一定的规律，若脏器受到损害则脏器指数将发生变化。常用实验动物脏器包括肝、脾、肾、心、肺、脑、甲状腺、肾上腺、垂体、睾丸、胰、胸腺等。小白鼠胸腺位于心的上方，为米白色，易被破坏；脾位于肝周围，很容易发现，用镊子将脾提起，剪断韧带，可取出脾。

【作业与思考】

1）试比较小白鼠几种采血方法的优缺点。

2）描述并分析胰岛素惊厥实验所得结果，依据胰岛素惊厥实验分析糖尿病和低血糖症产生的原因及治疗方法。

3）根据观察结果，归纳小白鼠有哪些形态结构体现了哺乳类的进步性特征。

实验十四　家兔的外形与内部解剖

家兔（*Oryctolagus cuniculus*）是哺乳纲（Mammalia）的代表动物，由地中海地区的欧洲野兔经过人类长期饲养驯化而来。家兔的外形和内部构造反映了哺乳动物的一系列进步性特征。家兔的处死及解剖方法是小型哺乳动物实验的基本技术，同时家兔又是生理学、胚胎学、免疫学、药理学等研究中广泛应用的实验动物，因此本实验是进行上述学科研究的必要基础。

哺乳动物是脊椎动物中最高等的类群，具有一系列进步性的特征。①消化系统出现了口腔的物理性和化学性消化。②口腔结构更加复杂而完善：牙齿为异型齿，通过切断、撕裂、磨碎食物完成物理性消化；出现了肌肉质的唇，防止食物外溢；次生腭将口腔和鼻腔分开，使口腔消化时不影响呼吸。③消化管分化，消化吸收能力增强。④肺的结构复杂，由胸廓和膈肌协同完成呼吸运动，气体交换能力强。⑤身体恒温，减少了对环境的依赖。⑥胎生、哺乳提高后代存活率。⑦发达的神经系统和感觉器官，适应复杂的陆地环境等。

【实验目的】

1）学习家兔的抓取、固定方法，处死术和一般解剖方法。

2）通过对家兔外形和内部构造的观察，认识哺乳动物各系统的基本结构，掌握哺乳类的进步性特征。

【实验内容】

1）家兔的抓取、固定与处死。

2）家兔的外部形态观察。

3）家兔的内部解剖及各系统主要器官的观察。

4）家兔骨骼系统示范与观察。

【实验材料与用品】

（一）材料

活体家兔，家兔骨骼标本，家兔脑的浸制标本。

（二）用品

兔解剖台，解剖剪，解剖刀，解剖镊，骨钳，10ml 一次性注射器，75% 乙醇溶液消毒棉球，干脱脂棉，废物缸等。

【操作及观察】

（一）家兔的抓取、固定及处死

抓取家兔时应轻轻开启兔笼门，勿使兔受惊，然后用右手伸入笼内，从兔头前部把两耳轻轻压于手掌内，兔便匍匐不动，将颈部的被毛连同皮一起抓住提起，再以左手托住臀部，使兔身的重量大部分落在左手掌上。注意抓取时切忌强抓兔的耳朵、腰部或四肢。如果家兔受到惊吓可以用手轻轻顺毛向抚摸使其平静。

家兔的固定方法可根据需要而定：盒式固定，台式固定，架式固定。本实验中耳缘静脉注射空气时采用盒式固定，解剖时采用台式固定。

兔耳廓的血管如图 14-1 所示。采用耳缘静脉注射空气法（图 14-2）处死家兔时，用消毒棉球擦拭耳缘静脉处皮肤，使静脉血管扩张。用左手食指和中指夹住耳缘静脉的近心端，拇指和无名指固定兔耳。右手持注射器（针筒内已抽有 10ml 空气）将针头平行刺入耳缘静脉，将左手食指和中指移至针头处，协同拇指将针头固定于静脉内，右手推进针栓注入空气。若针头在静脉内，可见随着空气的注入血管由暗红变白。如注射阻力大或血管未变色或局部组织肿胀，表明针头未刺入血管，应重新刺入。首次注射应从静脉的远心端开始（＊为什么？），注射毕，抽出针头，干棉球按压进针处。家兔经一阵挣扎后，瞳孔放大，全身松弛，即可判断其死亡。

也可用乙醚熏、断颈或者猛击枕部（延脑）等方法处死家兔。

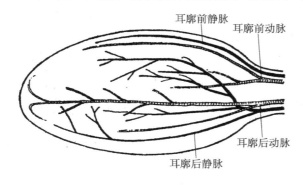

图 14-1　兔耳廓的血管（背面观）
（引自黄诗笺和卢欣，2013）

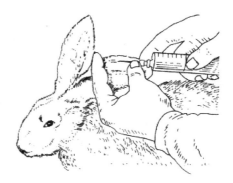

图 14-2　兔耳缘静脉注射
（引自黄诗笺和卢欣，2013）

（二）家兔外部形态观察

家兔全身被毛，有针毛、绒毛和触毛（触须）：针毛长而稀少，有毛向；绒毛位于针毛下面，细短而密，无毛向；在眼上下和口鼻周围有长而硬的触毛。（*哺乳动物的毛有何功能？体表被毛与其恒温机制有何关系？）

家兔的身体可分为头、颈、躯干、四肢和尾。

1. 头

头呈长圆形，眼以前为颜面区，眼以后为头颅区。眼有能活动的上、下眼睑和退化的瞬膜。眼后有一对外耳壳。鼻孔一对。鼻下为口。口缘围以肉质唇，上唇中央有一纵裂，将其分为左、右两半。

2. 颈

头后有明显的颈部，但很短。

3. 躯干

躯干较长，可分为胸、腹和背部。背部有明显的腰弯曲。胸部和腹部以最后一根肋骨及胸骨剑突软骨的后缘为界。右手抓住兔颈背部皮肤，左手托住臀部使腹部朝上，可见雌兔胸腹部有 3～6 对乳头（以 4 对居多），幼兔和雄兔乳头不明显。躯干末端尾基部有肛门和泄殖孔，肛门靠后，泄殖孔靠前。肛门两侧各有一无毛区称鼠蹊部，鼠蹊腺开口于此，家兔特有的气味即此腺体分泌物。雌兔泄殖孔称阴门，其两侧隆起形成阴唇。雄兔泄殖孔位于阴茎顶端，成年雄兔肛门两侧有一对明显的阴囊，生殖时期睾丸由腹腔坠入阴囊内。

4. 四肢

四肢位于躯干腹面，为典型的五趾型附肢。前肢短小，肘部向后弯曲，5 指；后肢较长，膝部向前弯曲，4 趾，第 1 趾退化。指（趾）端具爪。（*为什么说哺乳动物四肢的形态结构适应于其在陆上的快速运动？）

5. 尾

尾在躯干末端，短小。

（三）家兔内部解剖和观察

将已处死的家兔腹部向上置于解剖台上，展开四肢将其固定。用脱脂棉蘸清水润湿腹中线上的毛，用剪毛剪沿腹中线剪去泄殖孔前至颈部的毛。剪下的毛浸入烧杯中的水里，以免满室飘散。左手持镊子提起皮肤，右手持解剖剪沿腹中线自泄殖孔前至下颌底将皮肤剪开，再从颈部向左右横剪至耳廓基部，沿四肢内侧中央剪至腕和踝部。左手持镊子夹起剪开的皮肤边缘，右手用手术刀分离皮肤和肌肉。然后沿腹中线自后向前剪开腹壁，沿胸骨两侧各 1.5cm 处用骨剪剪断肋骨。左手用镊子轻轻提起胸骨，右手用另一镊子仔细分离胸骨内侧的结缔组织，再剪去胸骨（分离至胸骨起始处时须特别小心，以免损伤由心发出的大动脉），可见家兔体腔被横隔膜分为胸腔和腹腔。观察胸腔和腹腔内各器官的正常位置后，再剪开横隔膜边缘及第一肋骨至下颌间的肌肉，全部暴露家兔颈部及胸腔、腹腔内的器官。以上操作中，剪刀尖应向上翘，以免损伤内脏器官和肋骨前方的血管。按下列顺序观察。

1. 消化系统

消化系统（图 14-3）由消化管和消化腺构成。消化管长，分化程度高。消化腺发达。具有异型齿、肌肉质的唇和次生腭。

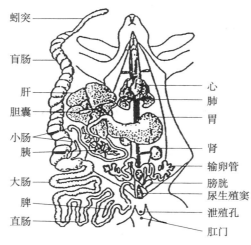

图 14-3　雌兔的内脏（仿丁汉波，1982）

（1）消化管　　消化管分为口、口腔、咽、食道、胃、小肠、大肠、肛门。

1）口腔：沿口角将颊部剪开，清除一侧咀嚼肌，并用骨剪剪开该侧下颌骨与头骨的关节，将口腔揭开。口腔前壁为上、下唇；侧壁是颊部；顶壁为次生腭，其前部是硬腭，后部是软腭；底部有发达的肉质舌，其表面有许多乳头状突起，其中具味蕾。兔门齿发达而无犬齿，上颌有两对门齿前后排列，前排门齿长而呈凿状，后排门齿小，前白齿和臼齿短而宽，具磨面，齿式为 $2\dfrac{2\cdot0\cdot3\cdot3}{1\cdot0\cdot2\cdot3}$，共有牙齿28枚。（*哺乳类的异型齿有何功能？异型齿的出现有何意义？）

2）咽：位于软腭后方背侧，为消化系统和呼吸系统的共同通道。沿软腭的中线剪开，露出鼻咽腔，其前端是内鼻孔，侧壁有一对斜行裂缝为耳咽管孔，通往中耳腔。

3）食道：由咽背部后行伸入胸腔，穿过横膈进入腹腔与胃连接。

4）胃：位于腹腔左前部，囊状。前与食管相连为贲门，后与十二指肠相连为幽门。胃内侧的弯曲为胃小弯，外侧的弯曲为胃大弯。胃左下方有一深红色的条状腺体为脾，属淋巴器官。

5）肠：分小肠与大肠。

小肠分为十二指肠、空肠和回肠。

A. 十二指肠连接胃的幽门，呈"U"形弯曲。用镊子提起十二指肠，展开"U"形弯曲处的肠系膜，可见在十二指肠距幽门约1cm处有胆管通入；在十二指肠后段1/3处有胰管通入。

B. 空肠位于腹腔右方腹侧，是小肠中肠管最长的一段，前接十二指肠，后通回肠，呈淡红色并具有很多弯曲。

C.回肠是小肠最后一部分，较短，与空肠界限不明显，盘旋较少，管壁薄，颜色略深。

大肠分为结肠和直肠：结肠肠管紧缩成环结状，可分为升结肠、横结肠、降结肠；直肠末端以肛门开口于体外。回肠与结肠相接处有一长而粗大发达的盲管为盲肠，其表面有一系列横沟纹，游离端细而光滑，称蚓突（＊兔的盲肠有何功能？）。回肠与盲肠相接处膨大形成一厚壁的圆囊，称圆小囊（为兔所特有）。

（2）消化腺　　消化腺包括唾液腺、肝和胰。

1）唾液腺：4 对，分别为耳下腺、颌下腺、舌下腺和眶下腺。

A.耳下腺（腮腺）：位于耳壳基部腹前方，剥开该处的皮肤即可见，为紧贴皮下的不规则淡红色腺体。腺管开口于上颌第二前白齿的部位。

B.颌下腺：位于下颌后部的腹面两侧，为一对圆形浅粉红色腺体。腺管开口于口腔底。

C.舌下腺：位于近下颌骨联合缝处，为一对较小、扁平条形的淡黄色腺体。用镊子将舌拉起，将舌根部剪开，在舌根的两侧可见。腺管开口于口腔底。

D.眶下腺：位于眼窝底部的前下角，呈粉红色。

2）肝：为体内最大的消化腺，位于腹腔前部，横膈膜的后方，覆盖于胃上，呈深红色。分为 6 叶，即左外叶、左中叶、右中叶、右外叶、方形叶和尾形叶。胆囊位于右中叶的背侧，以胆管通入十二指肠。

3）胰：散在于十二指肠弯曲处，为不规则的淡黄色腺体，有一条胰管通入十二指肠。

2.呼吸系统

（1）鼻腔和咽　　鼻腔前端以外鼻孔通外界，后端以内鼻孔（由于硬腭和软腭的存在，后移到咽部）与咽腔相通，其中央有鼻中隔将其分为左右两半（咽已经在上文"1.消化系统"部分观察）。

（2）喉　　喉位于咽后，气管的前端，由若干块软骨构成。将连于喉头的肌肉除去以暴露喉头。喉腹面为一块大盾形的甲状软骨，其后方有围绕喉部的环状软骨。在观察完其他结构后，将喉头剪下，可见甲状腺前方有三角形叶片状的会厌软骨，环状软骨的背面前端有一对"V"形的杓状软骨。喉腔内侧壁的褶状物为声带。

（3）气管及支气管　　喉头之后为气管，管壁由许多半环状（"C"形）软骨及软骨间膜构成。气管到达胸腔后分左、右支气管入肺。

（4）肺　　肺位于胸腔内，心的左、右两侧，呈粉红色海绵状。

3.泄殖系统

泄殖系统（图 14-4）包括排泄系统和生殖系统。

（1）排泄系统　　肾一对，为红褐色的豆状器官，贴于腹腔背壁脊柱两侧。肾的前端内缘各有一黄色小圆形的肾上腺（属于内分泌腺）。除去遮于肾表面的脂肪和结缔组织，可见肾门。由肾门各伸出一白色细管即输尿管，沿输尿管向后清理脂肪，注意观察其进入膀胱的情况。膀胱呈梨形，其后部缩小通入尿道。

取下一肾，通过肾门从侧面纵剖开，用水冲洗后观察：外周色深部分为皮质部，内部有辐射状纹理的部分为髓质部，肾中央的空腔为肾盂，从髓质部有乳头状突起伸入肾盂，输尿管由肾盂经肾门通出。

（2）生殖系统

1）雄性生殖系统　　睾丸（精巢）一对，是产生精子的器官，卵圆形，白色，非生殖期时位于腹腔内，生殖期坠入阴囊内。睾丸背侧有一带状隆起为附睾，由附睾伸出的白色细管即输精管，输精管沿输尿管腹侧行至膀胱后面通入尿道，尿道从阴茎中穿过（横切阴茎可见），开口于阴茎顶端。阴茎为雄性交配器。

2）雌性生殖系统　　卵巢一对，为产生卵子和雌激素的器官。椭圆形，位于肾后外侧，其表面常有颗粒状突起。输卵管一对，为细长迂曲的管子，伸至卵巢的外侧，前端扩大成漏斗状，边缘多皱褶成伞状，称喇叭口，朝向卵巢，开口于腹腔。输卵管向后膨大为一对较粗厚的子宫，左、右两子宫分别开口于阴道。阴道为子宫后方的一直管，其后端延续为阴道前庭，并以阴门开口于体外。阴门两侧隆起形成阴唇，左、右阴唇在前、后侧相连，前联合呈圆形，后联合呈尖形。前联合处还有一小突起，称为阴蒂。

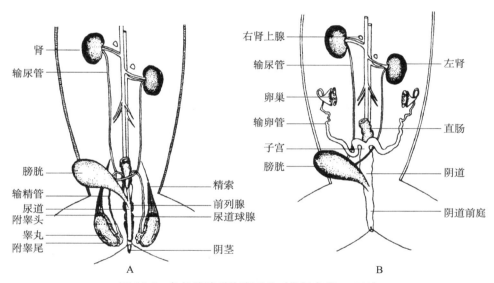

图14-4　兔的泄殖系统腹面观（仿杨安峰，1992）

A. 雄兔；B. 雌兔

4. 循环系统

观察家兔的循环系统（图14-5）时，重点观察心及其附近的血管，尽量不碰坏血管。如有出血可用棉线结扎或止血钳止血。

（1）心及其附近的大血管　　心位于胸腔中部偏左的围心腔中。仔细剪开心包膜，可见心近似卵圆形，前端宽阔，与各大血管连接部分为心底；后端较尖，称为心尖。心中间有一围绕心的冠状沟，其后方为心室，前方为心房。心室壁多肌肉而厚，心房壁薄。

动、静脉系统观察完毕后，将心周围大血管剪断并保留一段血管。取出心，用清水洗净，观察血管与心四腔的连通情况。

1）主体动脉弓：左心室发出的粗大血管，向前转至左侧而折向后方。

2）肺动脉：右心室发出两支分别进入左、右肺。

3）肺静脉：由左、右肺伸出，经背侧进入左心房。

4）前腔静脉、后腔静脉：共同进入右心房。

剖开心，仔细分辨左、右心房和左、右心室。左心房和左心室、右心房和右心室之间有房室孔相通，房室孔处有三角形瓣膜，左房室孔为二尖瓣，右房室孔为三尖瓣。在左心室的主动脉出口和右心室的肺动脉出口处各有 3 个呈袋状的半月瓣，袋口朝向动脉面。（＊明确各瓣膜的位置与结构，并理解其功能。）

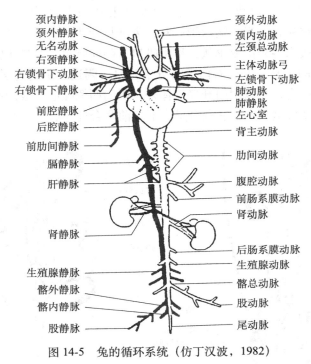

图 14-5　兔的循环系统（仿丁汉波，1982）

（2）动脉系统　　左心室发出左体动脉弓，分出 3 支大动脉：最右侧的无名动脉，中间的左颈总动脉和最左侧的左锁骨下动脉。

1）无名动脉：具有两大分支，即右锁骨下动脉和右颈总动脉。右锁骨下动脉伸入右臂后形成右肱动脉。右颈总动脉沿气管右侧前行至口角处，分为颈内动脉和颈外动脉：颈内动脉绕向外侧背方而进入脑颅，供应脑的血液；颈外动脉供应头部颜面部的血液。

2）左颈总动脉：分支与右颈总动脉相同。

3）左锁骨下动脉：分支情况与右锁骨下动脉相同。

4）背主动脉：左体动脉弓稍前伸即向左弯走向后方贴近背壁中线，经过胸部至腹部后端为背主动脉，其沿途分出以下各动脉。

A.肋间动脉：背主动脉经胸腔时分出若干成对的小动脉，与肋骨平行，分布于胸壁上。

B.腹腔动脉：背主动脉进入腹腔后分出一支大腹腔动脉，分支至胃、肝、脾等器官。

C.前肠系膜动脉：位于腹腔动脉之下，分支至肠的各部和胰等器官。

D.肾动脉：一对。右肾动脉在前肠系膜动脉的上方，左肾动脉在前肠系膜动脉的下方。

E. 生殖腺动脉：一对。雄性分布到睾丸，雌性分布到卵巢。

F. 后肠系膜动脉：为背主动脉后端向腹面偏右侧伸出的一支小血管，至直肠上。

G. 髂总动脉：在背主动脉后端。分为左右两支，分别供应左、右后肢血液。

H. 尾动脉：在背主动脉的最后端，伸至尾部。

（3）静脉系统

1）前腔静脉：一对，在第一肋骨水平处，汇集锁骨下静脉和颈总静脉的血液，向后入右心房。主要由以下血管汇合而成。

A. 锁骨下静脉：一对，很短，自第一肋骨和锁骨之间进入胸部。收集前肢和胸肌返回的血液。

B. 颈总静脉：一对，短而粗，由颈外静脉和颈内静脉汇合而成，汇集头部的血液。

2）后腔静脉：一条，收集内脏和后肢的血液回右心房。后腔静脉的主要分支如下。

A. 肝静脉：来自肝的数个短而粗的静脉。

B. 肾静脉：一对，来自肾。右肾静脉高于左肾静脉。

C. 生殖腺静脉：一对，雄体来自睾丸，雌体来自卵巢。右生殖腺静脉注入后腔静脉，左生殖腺静脉注入左肾静脉（或入左髂腰静脉）。

D. 髂腰静脉：一对，位于腹腔后端，分布于腰背肌肉之间。

E. 髂总静脉：一对，分别收集左、右后肢的血液，汇入后腔静脉。

3）肝门静脉：汇合内脏各器官（胰、脾、胃、大网膜、小肠、盲肠、结肠、胃的幽门及十二指肠等的血液）的静脉进入肝。

5. 神经系统

用骨钳从枕部开始向额部方向将头骨一片片剪去，露出脑背面，再去掉脑膜进行观察，也可直接观察兔脑浸制标本。

（1）脑（图 14-6）

1）脑的背面观：大脑为占全脑背面绝大部分的两个半球，其表面沟回较少。大脑半球前端有一对椭圆形嗅球。两半球之间有大脑纵裂，其后可见间脑上的松果体。将大脑半球沿纵裂稍分开，可见连于二者间的白色胼胝体。轻轻将大脑的后缘向上掀起，可见中脑，由 4 个丘状隆起组成：前两个称前丘，后两个称后丘。小脑位于大脑半球的后端，由中央的蚓部和两侧的小脑半球构成。延脑较窄，其下为第四脑室。

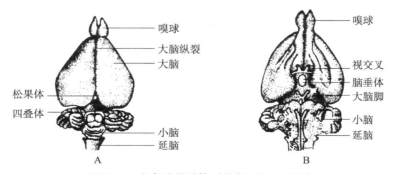

图 14-6　家兔脑的结构（仿郝天和，1959）

A. 背面观；B. 腹面观

2）脑的腹面观：大脑半球的腹面呈卵圆形，其前端有椭圆形的嗅球，每球有一白色神经束即嗅束。间脑腹面包括其前端的视交叉，视神经由此伸入，视交叉后方是脑漏斗，脑漏斗腹面后方连着脑垂体。中脑腹面只能看到位于脑漏斗后的大脑脚。脑桥在大脑脚之后，为小脑腹面隆起部分，由一正中沟将其分为左右两部分。延脑腹面上宽下窄，上接脑桥，下连脊髓。

（2）交感神经（示范选做）

1）颈部交感神经：颈部气管两侧，颈总动脉背侧靠内较细的是交感神经。沿颈部交感神经向后，锁骨下动脉前方有一扁平长圆形的颈后神经节，在其后方紧贴锁骨下动脉的后面为第一胸神经节，有神经分支围绕锁骨下动脉形成锁骨下袢。

2）胸部交感神经：由颈后神经节向后伸入胸腔，沿脊柱两侧各有一条白色的胸部交感神经干，在每两肋骨之间的交感神经干上有一交感神经节。胸部后段交感神经干发出一条大内脏神经，向后斜伸穿过横膈入腹腔，与腹腔神经节相连。

3）腹部交感神经：用镊子将腹腔内脏推向右侧，在前肠系膜动脉的基部左边有腹腔神经节和肠系膜前神经节，以及联络二者的交通支。两侧的内脏神经进入腹腔神经节，有很多分支至胃、肝、脾、肾上腺、生殖腺及大血管处。在后肠系膜动脉根部稍前方，有较小肠系膜后神经节，发出分支至结肠、膀胱等处。在腹腔后部，腰部交感神经干渐细，并向背面深处走行，约在第三尾椎处终止。

（3）迷走神经（示范选做）

1）颈部迷走神经：颈总动脉背侧靠外侧稍粗的是迷走神经，迷走神经与交感神经沿气管两侧并行。迷走神经向前行至靠近颅腔处有一卵圆形膨大，为迷走神经伸到右锁骨下动脉的腹面，发出右侧喉返神经，沿气管前伸至喉头。

2）胸、腹腔内的迷走神经：左侧迷走神经在主动脉弓的后方发出左侧喉返神经，绕过主动脉弓，紧贴气管前行至喉头。左、右迷走神经伸到肺根基部构成肺丛，在主动脉和肺动脉基部形成心丛。迷走神经沿食管后行入腹腔，发出分支到胃、脾、肝、胰和肠上。

（4）脊髓和脊神经（示范选做）　　观察兔脊髓和脊神经示范标本。熟悉脊髓的外形，注意辨识脊神经的背根、腹根、脊神经节，以及脊神经经锥间孔离开锥管后发出的背支、腹支和交通支。

（四）家兔骨骼系统示范与观察

观察家兔的骨骼标本（图14-7），家兔的骨骼系统由中轴骨和附肢骨组成，中轴骨又包括脊柱、胸廓和头骨。依次观察下列骨骼。

1. 头骨

头骨全部骨化，骨块愈合而减少，高颅型，双枕髁，枕骨大孔移到腹侧。

2. 脊柱

由五部分组成，即颈椎、胸椎、腰椎、荐椎和尾椎。

（1）颈椎　　7块。取第一、第二枚颈椎进行观察。第一颈椎称为寰椎，外观呈环状，前缘有一对关节面与头骨的枕骨髁相关节。第二颈椎称枢椎，其所伸出的齿状突起伸入寰椎的腹侧。

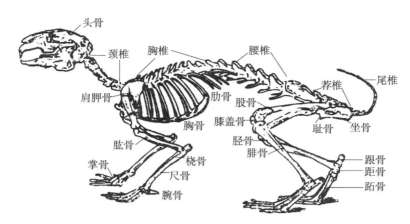

图 14-7　兔的骨骼（仿郝天和，1959）

（2）胸椎　　12 块。取一枚胸椎，注意观察以下各部分。

1）椎体：为双平型，呈短柱状，可承受较大的压力。椎体之间具有椎间盘。

2）椎弓（髓弓）：位于椎体背方的弓形骨片，内腔容纳脊髓。

3）棘突（椎棘）：椎弓背中央的突起，为背肌的附着点。

4）横突及关节突：横突为椎弓侧方的突起，其前后各有前、后关节突与相邻椎骨的关节突相关节。

5）肋骨关节面：胸椎的横突末端有关节面与肋骨结节相关节。相邻椎骨的椎体组成一个关节面与肋骨小头相关节。

（3）腰椎　　7 块，最粗壮，横突最发达并指向斜下方。

（4）荐椎　　由 4 个椎骨构成愈合荐骨，凭借宽大的关节面与腰带相关节。（*回顾两栖类和爬行类的荐椎，荐椎的数目和形态的变化对陆生生活有何意义？）

（5）尾椎　　数目不定，向末端逐渐变小。

3. 胸廓

胸廓由胸骨、肋骨和胸椎构成。胸骨由 6 块骨块组成。肋骨 12 对：前 7 对为真肋，与胸骨相接；后 5 对为假肋，附着在前一肋骨的软肋上，不与胸骨相接。

4. 带骨和肢骨

以观察带骨为主。

（1）肩带和前肢骨

1）肩带：由肩胛骨和锁骨组成。肩胛骨与前肢的肱骨相关节，为三角形的较大骨片，其前端的凹窝为肩臼。肩臼上方可见一小而弯的突起，称乌喙突，相当于低等种类乌喙骨的退化痕迹。肩胛骨背方的中央隆起称肩胛脊，是前肢运动肌肉所附着的地方。

2）前肢骨：由肱骨、桡骨、尺骨、腕骨、掌骨和指骨组成。前肢 5 指。

（2）腰带和后肢骨

1）腰带：由髂骨、坐骨和耻骨愈合而成，它们所构成的关节窝称髋臼，与后肢的股骨形成髋关节。髂骨借粗大的关节面与脊柱的荐骨联结。左、右耻骨在腹中线处结合，称耻骨联合。

2）后肢骨：由股骨、胫骨、腓骨、跗骨、跖骨、趾骨组成。后肢 4 趾。

【作业与思考】

1）运用生物绘图法绘制家兔消化系统的内部解剖图，注明各部分结构名称。

2）根据实验体会，总结家兔解剖及观察中的操作要点。

3）结合实验所观察到的结构特征总结哺乳类在陆地上迅速进化的原因。

4）通过实验观察，归纳兔有哪些形态结构体现了哺乳类的进步性特征。

第二部分　自选性和设计性实验

实验十五　涡虫的再生及温度对再生影响的研究

　　再生是指动物被离断的器官重建的过程，一般包括生理性再生、修复性再生、无性繁殖和重建等几种主要形式。三角涡虫广泛分布于我国各类淡水水体，是山区溪流中常见的涡虫种类之一，具有取材方便、在实验室容易培养、具有极强的再生能力等优点，是一种常用的实验动物。涡虫头部背面具有耳突和眼点各一对，可以用来指示再生速度的快慢，温度影响涡虫耳突和眼点的再生速度。

【实验目的】

　　1）学习掌握涡虫再生研究的基本技术方法，通过观察涡虫的再生过程，加深对动物再生概念的理解。

　　2）了解、掌握涡虫饲养技术、再生的能力和速度。

　　3）了解不同温度条件下，涡虫耳突和眼点再生的速度，寻找耳突和眼点再生的最适温度，以及在此温度条件下，涡虫耳突和眼点的形态发生过程。

　　4）学会描述动物生长过程形态学变化的方法和显微拍照技术。

【实验内容】

　　1）切割涡虫，观察、记录各片段再生的方式、过程与结果，并比较各片段再生的速度。

　　2）不同温度对涡虫耳突和眼点再生的影响。

　　3）涡虫再生过程中切口处、耳突和眼点的形态学变化描述和显微拍照技术。

【实验材料与用品】

（一）材料

　　淡水三角涡虫。

（二）用品

　　由学生根据实验需要自行准备，实验室在进行涡虫再生实验期间对学生全面开放，并由教师进行全面指导。

【操作与观察】

　　学生以小组为单位（自由组合，每组3人），可自行设计切断或切割方式，也可查阅资料设计不同温度对涡虫再生速度的影响的研究，根据各小组兴趣爱好选择其中的一个作为实验内容。

（一）实验方法

1）选择体形较大，体长 3cm 左右的涡虫，这样再生实验效果比较好。为防止涡虫进行无性分裂，进行再生实验前饲养温度最好控制在 8～16℃，并停止喂食一周。

2）培育涡虫再生的水为经煮沸后冷却 24h 的自来水，简称凉开水。学生以小组为单位，根据各组研究目的自行设定切割方案。切割时用的手术刀片需用 75% 乙醇溶液棉球进行消毒，盛涡虫的培养皿要进行灭菌消毒。

3）切割后的涡虫或片段分别放入盛有凉开水的小培养皿中，置于一定温度下阴暗处培养。涡虫再生期间不喂食，每隔 2～3d 换水一次（换水时用的水一定是同温度下的凉开水）。在培养皿上做好标记，并记录切割的部位。术后培养期间，每天晚上 7～8 点在显微镜下观察，记录各段再生的过程并进行拍照。一般伤口开始有褐化、内陷现象后，会慢慢再生出缺少色素的白色再生组织。涡虫再生能力与速度随涡虫种类、身体部位及水温而变，一般需 8～14d 可完成再生，有的需要一个月左右。

4）各种再生实验应有至少 10 个重复，以防再生过程中出现个体差异、死亡、自然愈合等问题，影响实验结果。

（二）切断实验

用滴管吸取或用毛笔将涡虫放在载玻片上，待虫体伸展到最长时，用手术刀在预定的部位进行切割，刀口必须与玻片垂直，切面要平整。

1）将涡虫切成数段，如图 15-1 中 1、2 所示，将各段分别放入盛水的培养皿中，做好标记，记录各段切割前在涡虫身体中所处的位置。

2）沿涡虫的耳突后缘，切去涡虫的"头"部，将去"头"虫体均等切为 3 段，观察比较各段再生过程的差异。

3）在涡虫身体前部进行横切，切下一很窄的小片段，观察其在前后切面再生的情况。（* 与其他较大片段的再生有何不同？）

（三）切割实验

各小组可自行设计切割样式，图 15-1 中 3～5 所示的涡虫切割部位可分别再生为双

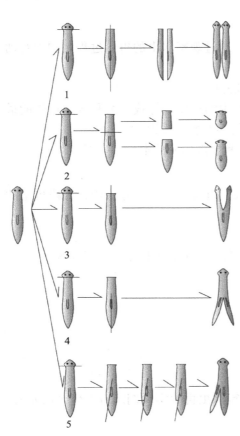

图 15-1　涡虫再生实验切割示例
（引自杨琰云等，2005）

"头"涡虫、双"尾"涡虫和侧"尾"涡虫。切割时，刀口要平直，所切部位被切开，但不切断身体。每天定时观察、记录各切口再生的情况。当切口有愈合趋势时，需在原切口处重新进行切割。（*注意：在切割时会有白色的柔软组织掉出，手术后在将涡虫移入培养皿时，切勿将白色柔软组织带入，以免腐败影响实验。）

（四）温度对涡虫再生的影响研究

1. 切割涡虫

每个小组挑选数十条（挑选数量根据设置的温度处理数而定，最低设 3 个温度）体长在 2.0～2.5cm 的健康涡虫，分别放入不同的盛有凉开水的无菌培养皿中，每个培养皿放 10 条（即每个温度 10 条），将消毒好的载玻片平稳放在实验台上，依次对所有涡虫从耳突后进行切割，把去"头"部分放回培养皿，同时在显微镜下拍照，记录刚切割时切口的形态，然后分别置于不同温度的恒温培养箱中培养，同时观察、记录和描述切口处形态学特征并进行显微拍照。

2. 观察与描述

每 2d 换水一次，培养 48h 后对不同温度下的涡虫，在显微镜下进行观察、记录和描述切口处、耳突和眼点的形态学变化，以后每 24h 观察、记录和描述一次，并在显微镜下对耳突和眼点再生情况进行拍照，记录形态变化，直至涡虫"头"部再生完整为止。

【作业与思考】

1）绘各种切割方式中涡虫各部分再生过程的示意图。

2）对涡虫进行横向切割时，如果近"头"端的中间切割的片段很窄，则形成前后端双"头"再生个体，试探讨形成这种畸形的原因。

3）各种温度下涡虫"头"部再生过程是否相同？用列表描述加图片的方式来说明温度对涡虫"头"部（耳突、眼点）再生速度的影响，哪个温度更有利于涡虫"头"部的再生？

4）刚切割之后的切口形态、新生胚芽基颜色如何（与原来体组织相比较）？耳突形成时芽基的颜色和着生的部位如何？

实验十六　涡虫摄食行为影响因素的研究

　　动物摄食行为是一种复杂的生物学现象，是影响其他行为表达的重要因素，因此，对影响摄食行为因素的研究备受关注。在众多影响因子中，食物种类、光照强度、温度变化、饥饿程度对摄食行为的影响最大；人为的环境污染，如重金属离子、农药和洗涤剂等也在不同程度上影响动物的摄食行为。高等动物身体复杂，对环境因素的适应性和调节能力强。三角涡虫个体小、结构简单，在实验室易培养，对外界环境变化反应迅速而灵敏，是一种测定各种因素对低等动物摄食行为影响的理想实验动物。

【实验目的】

1）学习观察涡虫摄食行为的基本技术方法，通过观察涡虫的摄食过程，加深对动物摄食行为概念的理解。

2）了解、掌握涡虫饲养技术。

3）了解不同食物种类、光照强度、温度变化等因素对涡虫摄食行为的影响。

4）探究环境因子对涡虫摄食行为的影响规律。

【实验内容】

食物种类、光照强度、温度变化等对涡虫摄食行为的影响。

【实验材料与用品】

（一）材料

淡水三角涡虫。

（二）用品

由学生根据实验需要自行准备，实验室在进行涡虫摄食行为观察实验期间对学生全面开放，并由教师进行全面指导。

【操作与观察】

（一）实验方法

选择大小、生长状态基本相同，体长 1.5～2.0cm 的健康涡虫集中饲养在一个大的搪瓷盘中，每隔 3d 喂食一次，食物为活的水丝蚓，食后 3～5h 更换培养水（为在阳光下暴晒 24h 后的自来水）。实验前停止喂食 5～7d，室温饲养。

（二）摄食行为影响因素的实验

学生以小组为单位（自由组合，每组 3 人），各小组根据兴趣爱好选择以下因素中的一个因素进行实验。关于食物种类、温度的设置，学生可以依据查阅的相关资料进行设计，由指导教师确认，也可由指导教师指定。学生也可自行设计，观察环境污染因素对摄食行为的影响。

1. 光强度对摄食行为的影响

随机选取室温下饲养的涡虫 90 条，分别置于直径为 150mm 的 9 个培养皿（内盛经暴晒 24h 后的自来水 120ml）中，即每个培养皿内放 10 条涡虫，分别置于阳光直射、自然光和暗处静放（每个处理放置 3 个盛有涡虫的培养皿，即 3 个重复），待涡虫在培养皿内不游动时即认为其已基本适应新环境，30min 后开始实验。将 0.5g 新鲜的猪肝轻轻放入培养皿中距涡虫（或多数涡虫）最远的位置，分别记录 4 个时间：投食时间、涡虫对食物出现反应的时间、第一条涡虫摄食时间和半数涡虫摄食时间。将投食后涡虫开始运动的时间确定为出现反应的时间，将涡虫趴在食物上停止不动定义为摄食。另外，分别在投食后的 10min、30min、60min 时间点观察涡虫摄食情况，记录已摄食的涡虫条数。实验持续 3d，每 24h 喂食一次，每次喂食后将涡虫肠管呈红色定义为已摄食。

2. 温度对摄食行为的影响

随机选取室温下饲养的涡虫 90 条，分别置于直径为 150mm 的 9 个培养皿（内盛经暴晒 24h 后的自来水 120ml）中，即每个培养皿内放 10 条涡虫，分别置于（13±1）℃、（23±1）℃、（33±1）℃的光照培养箱内（每个处理放置 3 个盛有涡虫的培养皿，即 3 个重复），当涡虫在各自的实验温度下适应 4～6h 后，其在培养皿内不游动时开始实验，实验方法、观察方法、记录内容同上。

3. 食物种类对摄食行为的影响

随机选取室温下饲养的涡虫 90 条，分别置于直径为 150mm 的 9 个培养皿（内盛经暴晒 24h 后的自来水 120ml）中，即每个培养皿内放 10 条涡虫，待涡虫在培养皿内不游动时即认为其已基本适应新环境，30min 后开始实验，分别将熟鸡蛋黄、猪肝和水丝蚓轻轻投入各自的培养皿中（每个处理放置 3 个盛有涡虫的培养皿，即 3 个重复），实验方法、观察记录同上。

4. 环境污染因素对摄食行为的影响

学生也可通过查阅相关的资料，自行设计环境污染因素，如培养水中加入一定浓度的重金属离子、农药或洗涤剂等，采用上述方法研究探讨环境污染因素对涡虫摄食行为的影响。

（三）数据处理

根据实验记录的原始数据，计算出每种处理方式（即每个实验组 3 个重复）的对食物出现反应的时间、第一条涡虫摄食时间、半数涡虫摄食时间，以及 10min、30min、60min 时间点摄食条数的平均值及标准差。以每种影响因素的实验处理方式（组别）为横坐标，各项指标的平均值为纵坐标，建立直角坐标系，以柱形图的方式表示出来，比较各种处理对各种观察指标的影响。

【作业与思考】

1）根据自己的实验结果，分析某一因素对涡虫摄食行为有何影响，说明了什么问题？

2）除了实验中所列的 4 种因素外，还有哪些因素会对涡虫的摄食行为有影响？

3）依据自己的兴趣爱好，选择某种动物，查阅影响该种动物摄食行为的因素及相关的研究进展，探讨应如何保护生物多样性。

实验十七　昆虫的采集与标本制作

昆虫种类众多，数量庞大，分布广泛，与人类生产生活关系密切，是人们生活中见到的最多的动物类群。实习时可以采集大量昆虫标本。

【实验目的】

1）通过采集昆虫，了解昆虫的生态和生活习性，掌握不同昆虫的采集方法和标本制作方法。

2）学习昆虫的分类知识和鉴定方法。

【实验内容】

1）昆虫的采集方法。

2）昆虫采集后的处理方法。

3）昆虫标本的制作方法。

4）昆虫标本的保存方法。

【实验材料与用品】

（一）材料

昆虫。

（二）用品

采集网（包括捕网和扫网），采集箱，注射器，三角纸袋，黑光灯，平底指形管，放大镜，眼科剪，铅笔，针，线，胶布，牛皮筋，白布，昆虫针，昆虫盒，还软器，三级台，展翅板，玻璃纸，长纸条，笔记本，标签，标本瓶等。

（三）试剂

70% 和 75% 乙醇溶液，5% 甲醛溶液，甘油，乙醚，苯酚。

【采集与制作】

（一）昆虫标本的采集方法

昆虫种类繁多，习性各异，应根据不同昆虫的生活习性，分别采用不同的措施进行捕捉。由于野外采集时不知道昆虫是否有危险性，所以不要用裸手直接捕捉。

1. 网捕法

网捕法主要用来捕捉飞行或跳跃的昆虫。采集时，应动作敏捷，将网口迎面对着飞翔或停落的昆虫，快速兜入，接着顺势将网底甩向网口，以此封住网口，防止昆虫逃脱。如果是蜂类，可以用镊子夹取放入毒瓶中，不要直接用手捏取，以防蜇伤；如果是蝶类，可将其胸部轻捏一下，使其窒息，取出将翅向上对折，放入三角纸袋中。特大的种类可用注射器在胸部注入少许 70% 乙醇溶液，使其迅速死亡。如果捕到的是中、小型昆虫，且数量很多，只要将网袋抖动，使昆虫集中到底部，再送入毒瓶即可。

2. 扫捕法

扫捕法主要用来采集叶簇间、灌木丛或杂草丛中的昆虫。采用边走边扫的方法，扫几网后，将集中在网底的昆虫连同部分碎枝叶一起倒入毒瓶，待昆虫毒死后，再倒在白纸上挑选。也可打开网底，将昆虫装入容器或毒瓶中。

3. 震落法

震落法主要适于采集有假死性的昆虫，如金龟子等。可以将白布铺在树下，突然猛震植物枝干或叶片，昆虫便会掉到布上，或在早晚昆虫不甚活动时，趁其不备，猛击寄主植物也可取得上述效果。在黄昏或中午炎热时，可用震落法采到金龟子、锹形虫、象甲、叶甲、蜡象等种类。对于蚜虫、蓟马等小型昆虫，可以直接击落到网中或硬纸片上，也可用小毛笔收集到乙醇溶液中。

4. 诱捕法

利用昆虫趋光、趋化、趋异等特点，可以采到许多种类的昆虫。

1）灯光诱捕是常用的诱捕法，如蛾类、金龟子、蝼蛄等昆虫均有较强的趋光性，在昆虫盛发的季节，选择无风、闷热、无月光的夜晚，在适宜的地点用黑光灯诱捕，效果最好，有时一夜可诱到数万头昆虫。

2）食物诱捕也是采集昆虫的好方法，可利用昆虫对某些发酵及有酒味物质的趋性设计诱捕方法，如将马粪、杂草、糖渣、酒糟在田间（苗圃）堆成小堆，可诱集到地老虎幼虫、蝼蛄、金针虫等。

（二）昆虫捕捉后的处理方法

昆虫捕捉后的处理主要分为取虫、毒杀、包装、保存 4 个步骤。

1. 取虫

当昆虫入网或掉入陷阱后，无危险性的昆虫可用手直接取出，有危险性或攻击性的昆虫应用镊子夹取。蝶、蛾、蜻蜓及其他大型翅易破损的昆虫，取出时要用拇指和中指或食指先捏住昆虫胸部，使翅折在背后。

2. 毒杀

捕获昆虫后，先将其毒毙，以免昆虫因挣扎而受到损伤。用注射器将乙醇溶液注入虫体（乙醇溶液的注射量依据虫体大小而定，一般注射量为 0.1～0.2ml / 头），可迅速杀死大型昆虫，尤其适用于鞘翅目昆虫。

3. 包装

毒毙后的昆虫要仔细包装，以免标本破损。包装常用三角纸袋等。三角纸袋的材料以玻璃纸为佳，将纸裁成长方形，然后对折成三角形，再折成三角状，具体折叠方法见图 17-1。捕获的蝶、蛾、蜻蜓等昆虫一定要放入玻璃纸制成的三角袋内以防虫体的鳞片脱落或翅损坏。

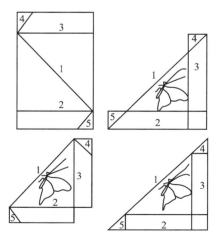

图 17-1　三角纸的折叠方法

数字代表折叠顺序

4. 临时保存

在野外采集时要特别保护已包装的标本，以免因挤压、碰撞使标本毁坏。三角纸袋必须用一个坚固的箱子存放，以免挤坏标本。如果不立刻做成标本，也要将昆虫干燥以免发霉。

5. 去除内脏

在制作标本前，必须先将昆虫的内脏取出，便于针插后能迅速干燥。解剖时，可用镊子直接从虫的颈部和前胸背连接膜处插入，取出各个脏器。或在腹部侧面沿背板和腹板的连接膜处剪开一个口子，然后用镊子取出脏器。接着用脱脂棉捏成一长条状的棉花栓，用镊子将其慢慢塞入已掏空的昆虫腹腔内，使虫体保持原来的体形。但像豆娘那样身体极细的昆虫，则可不必去除内脏。

（三）采集昆虫的时间和地点

昆虫种类繁多，生活习性各异，一般来说，一年四季均可采集，但由于昆虫的发生期和植物的生长季节大致相符，每年晚春至秋末，是昆虫活动的适宜季节，也是一年中采集昆虫的最好时期。对于一年发生一代的昆虫，应在发生期采集。采集的季节，主要根据自己的目的和需要来决定。一天之中采集的时间也要根据不同的昆虫种类而定：日出性的昆虫，多自上午10时至下午3时活动最盛；夜出性昆虫在日落前后及夜间才能采到。温暖晴朗的天气采集收获较大，而阴冷有风的天气，昆虫大多蛰伏不动，不易采到。

采集地点也要依据采集目的而定，根据不同种所处生态环境而选择合适地点。一般来说，森林、果园、苗圃、菜园、经济作物林、灌木丛都能采到大量有价值的标本，高山、沙漠、急流等处往往可以采到特殊种类的昆虫。了解各种昆虫的生态环境，可以帮助我们有目的地进行采集。

1. 植物上的昆虫

大多数昆虫以植物为食，植物茂盛、种类繁多的环境是采集昆虫的好地方。

2. 地面和土中的昆虫

除了少数几个目的昆虫外，绝大多数昆虫均可在地面和土中采到，地面的环境极其复杂，可采到各种昆虫，在土中可挖到多种鳞翅目昆虫的蛹、步甲、虎甲、芫菁、叩头虫的幼虫、蝗虫的卵、蝼蛄各虫态、拟步甲和食虫虻幼虫等，在植物基部或根部可以挖到土居的蚜虫、介壳虫、天牛及小蠹等。

3. 水中的昆虫

无论是静水、流水，还是盐水、温泉中均有昆虫生存，如鞘翅目的龙虱，半翅目的划蝽、仰蝽、负蝽，蜻蜓目、毛翅目、广翅目、襀翅目、蜉蝣目昆虫的幼虫，以及脉翅目的水蛉、长翅目的水蝎蛉幼虫均生活在水中，双翅目昆虫幼虫期有一半时间在水中生活。

4. 动物身体上的昆虫

有些昆虫生活在动物身体上，例如，吸食人和动物血液的虱目、虱蝇；嚼食动物皮毛的食毛目昆虫；寄生于动物体内、皮下或黏膜组织的马胃蝇、牛皮下蝇、羊鼻蝇、大头金蝇，以及幼虫寄生于蜗牛、鼠妇的短角寄蝇；寄生于蝙蝠的蛛蝇、蝠蝇、日蝇；动物的粪便中能采到各种粪金龟、埋葬虫、隐翅甲和蝇类。

5. 昆虫身上的昆虫

从昆虫体内外和其周围可发现寄生性或捕食性昆虫，例如，许多鳞翅目幼虫体内外可采到各种姬蜂、茧蜂、寄生蝇；介壳虫、蚜虫、粉虱体内可采到各种小蜂幼虫；可以从蜂类、蜻科、飞虱、蝉科和稻虱科昆虫上采到捻翅目的昆虫；可从蝉身上采到寄蛾科的幼虫。生活有蚜虫或介壳虫的植物上，往往可以采到瓢虫、草蛉、蜗蛉、蚂蚁、食蚜蝇等捕食性昆虫。

（四）昆虫标本的制作方法

采集的昆虫及时处理并做成标本才能长期保存，根据昆虫的特点主要做成干制标本或浸制标本。每种标本需要记载采集地点、采集时间和采集人等信息。

1. 干制标本的制作方法

（1）标本软化　　干燥变硬后的虫体一般都会发脆，容易碎成小片，所以在插针之前必须使其还软。用玻璃还软器（图 17-2C）或其他器皿，底部加入蒸馏水或湿沙，加入几滴苯酚，在架空的架子上面放置昆虫，加盖密闭 2～3d 后就可还软。

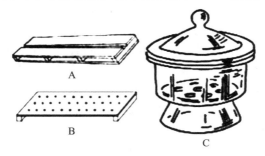

图 17-2　展翅板、整姿台、还软器
A.展翅板；B.整姿台；C.还软器

（2）插针　　昆虫针由细到粗分为 00、0～5 共 7 种型号（图 17-3），针的长度为 4cm，00 号针最细，每增加 1 号，粗度也增加，5 号针最粗，昆虫针的基部有一铜帽，以便操作。另外，还有一种没有针帽、很细、仅 1cm 长的短针称为微针，可用来制作微小型昆虫标本，使用时将这种针插在小木块或小纸卡片上，故又名二重针。为将不同型号的昆虫针分开存放且避免针尖损坏，可将昆虫针存放在用木材特制的昆虫针盒中。依昆虫标本大小不同，选定合适的昆虫针。例如，金龟子等可用 5 号针，中型蝴蝶用 3 号针，而小型蚊子则用 00 号针即可。

插针位置一般以插在昆虫中胸右侧为准。针插入的深度一般以标本上方约还留有整支昆虫针的 1/3 长度为准，但有时必须视虫体厚度来调整。一般是将昆虫针直刺虫体胸部背面的中央。为保证分类上的重要特征不受损伤，不同种类的昆虫有特定的针插部位：鳞翅目、膜翅目、毛翅目等可从中胸背面正中央插入；鞘翅目可从右鞘翅基部插进，使针正好穿过右侧中足和后足之间；同翅目和双翅目大型种类，长翅目、脉翅目从中胸背中央偏右插入；半翅目可由中胸小盾片中央插入；直翅目插在前胸背板后端偏右，这样不致破坏前胸背板及腹板上的分类特征（图 17-4）。

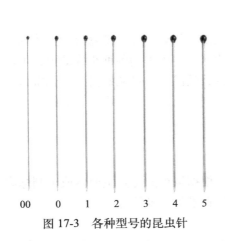

图 17-3　各种型号的昆虫针

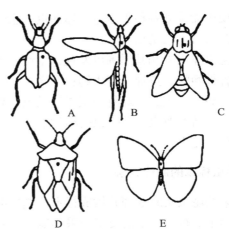

图 17-4　各种昆虫的针插位置
A. 鞘翅目；B. 直翅目；C. 双翅目；D. 半翅目；E. 鳞翅目
虫体上的黑色圆点示针插位置

　　鞘翅目、直翅目、半翅目的昆虫针插后，一般不必展翅，但需整姿，方法是将针穿过整姿台（图 17-2B）小孔，用镊子将触角和足的自然姿势摆好，再用昆虫针交叉支起，放在纱橱中干燥。整姿台是为针插鞘翅目、直翅目等昆虫整理附肢姿势的工具，用松软木材或硬泡沫塑料板制成，长约 30cm，宽 15cm，两侧各钉一块高 35mm 的板条。整姿台如为木质，应在木板钻上有规律的小孔，孔的大小与 5 号针粗细相同。

　　制作小蠹、跳甲等小型昆虫标本，应用重插法或三角纸点胶法。重插法是将微针（二重针）的尖端插入虫体腹面，再将针的另一端插到三角硬纸片上，用粗一点的针将三角硬纸片插起来。三角纸点胶法是指在三角纸的尖端粘上少许万能胶，将虫体粘在上面（粘在中足和前足之间），然后用昆虫针将三角纸插起，纸片尖端应朝左方（图 17-5）。

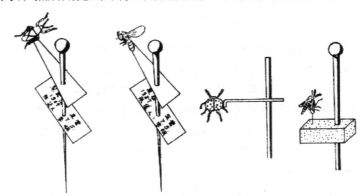

图 17-5　小型昆虫针插法
图中标签示昆虫种名、采集地点、采集时间、采集人、鉴定人等信息

　　为了使制作的所有针插标本及其标签的高度一致，在制作时要用三级台（图 17-6）。一般三级台用整块木板制成，长 12cm，宽 4cm，高度第一级为 0.8cm，第二级为 1.6cm，第三级为 2.4cm，每一级中间有一个和 5 号昆虫针粗细相似的小孔，以便插针。制作标本时将昆虫针插入孔内，使昆虫、采集地点及时间和寄主及采集人的标签在针上分别位

于三级、二级和一级的高度。还有其他形状的三级台（图 17-7）。

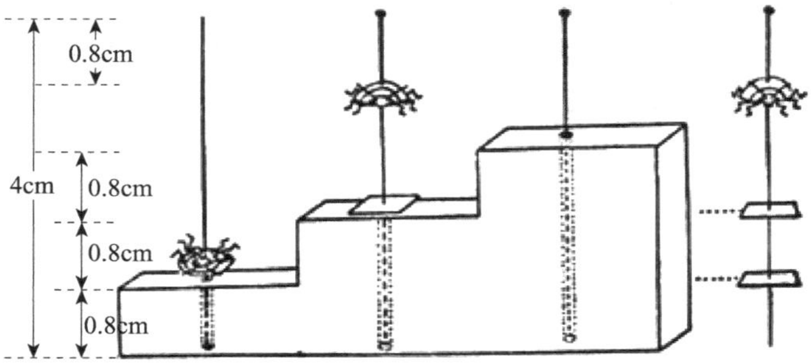

图 17-6　三级台 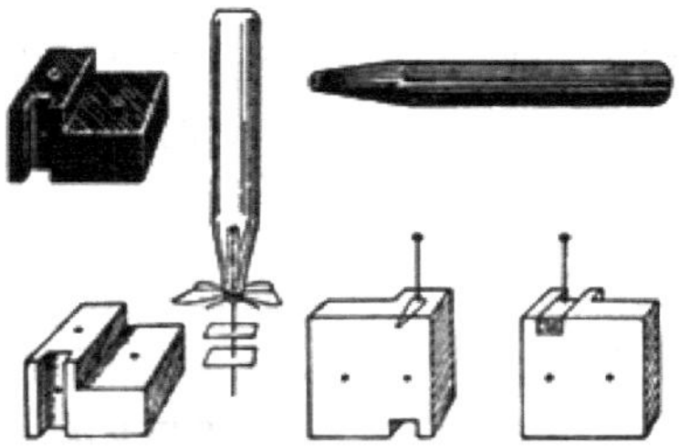　　　　　　　　图 17-7　其他形状的三级台

　　（3）展翅　　需要观察翅脉的昆虫，针插后需要用展翅板（图 17-2A）展翅。展翅板是专门用来展开蝶、蛾、蜂、蜻蜓等昆虫翅的工具，用较软而轻的木料制成，便于插针。展翅板的底部是一块整木板，上面装有两块可以活动的木板，以便调节板间缝隙的宽度，两板中间装有软木条或泡沫塑料条板，展翅板长约 35cm，宽不等。也可用硬泡沫塑料板制成简易的展翅板：取厚约 4cm 的塑料板，裁成和木制展翅板一样大小，用锋利的小刀在塑料板的中央刻一条槽沟，其宽度与虫体大小相适应，这种展翅板一般用于中、小型昆虫标本。用昆虫针刺穿虫体，插进展翅板的槽沟里，使腹部在两板之间，翅正好铺在两块板上，然后调节活动木板，使中间空隙与虫体大小相适应，将活动木板固定。两手同时用小号昆虫针在翅的基部挑住较粗的翅脉调整翅的张开度。蝶蛾类以将两前翅的后缘拉成直线为标准；蝇类和蜂类以两前翅的顶角与头左右成一直线为准；脉翅类和蜻蜓要以后翅两前缘成一直线为准。将虫体移到标准位置，用细针固定前翅后，再固定后翅，以玻璃纸或光滑纸条覆在翅上，并用大头针固定（图 17-8）。小蛾类展翅时，用小毛笔轻轻拨动翅的腹面，待完全展开，不用玻璃纸压，只需将针尖朝向后翅后缘处，并向后斜插，斜插度以压住两翅为好。针插后放入纱橱，约一周后，干燥定型即可取下。

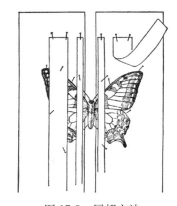

图 17-8　展翅方法

　　（4）整姿　　整姿时，前足及触角向前，中、后足向后，将身体各附属器官伸展开来，与自然姿态相似。用镊子将欲固定的部位放到适当位置后，以大头针协助将肢体固定在整姿板上，再烘干即可。

　　（5）烘干　　当标本完成上述制作以后，已经基本制作完毕，剩下的工作就是标本烘干。一般在 50℃的烘干箱中烘干一周左右即可。

　　2. 浸制标本的制作方法

　　保存完全变态昆虫的卵、幼虫、蛹和不完全变态的若虫及无翅亚纲昆虫一般采用液浸法，并将标本装入玻璃管或各种大、小广口瓶中。

　　标本采后先用开水烫死，饱食的幼虫应先饥饿 1～2d，待排净粪便后再做处理，绿色昆虫不宜烫杀（易变色），应待体壁伸展后浸泡在保存液中。

保存液具有杀死、固定和防腐的作用，为了更好地使昆虫保持原来的形状和色泽，保存液常需由几种化学药剂混合而成，常用的保存液的种类及配方见附录一。乙醇保存液以 70%～75% 浓度最好，为防止标本发脆变硬，可先用低浓度乙醇溶液浸泡 24h，再移入 75% 的乙醇溶液（也可以加入甘油至浓度达到 0.5%～1%，保持虫体柔软）或 5% 的福尔马林保存液中即可。

3. 生活史标本的制作方法

为认识、了解昆虫各虫态及危害，以供教学及展览用，可将卵、各龄幼虫、蛹、成虫和寄主等制成标本后保存在标本盒中。

制作成虫标本，需展翅的种类不必用昆虫针刺穿固定，而是将标本的背面向下，平放在整姿台上，用昆虫针尖端钉住胸部展翅整姿，甲虫、蝽象在整姿台上直接整姿即可备用。

幼虫标本一般是放入指形管或小试管中，用软木塞加蜡或胶套封口，但保存液容易挥发，且拿出单独观察时因为虫体不能固定，观察有困难，为克服上述缺点，可采用以下方法封管。

1）将过期胶卷用氢氧化钾处理，除去底片上的药膜，使其透明，根据幼虫、蛹体大小剪成大小不同的胶片小块，折成"Ⅱ"形，将晾干的虫体放在胶片上，用小玻棒蘸少量单丁酯三元树脂、二甲苯、环己酮（1：2.5：2.5）混合液，将虫体粘在胶片上。

2）将粘好幼虫或蛹的胶片放进准备封管的玻璃管中，用一只漏斗形小玻管外面粘几圈白卡片纸，这种有白卡片纸的小玻璃漏斗的外径要稍稍小于装虫玻璃管的内径，以使刚好塞进装虫玻璃管，从而压住下面的胶片。卡片纸圈上可写上虫名和虫态，小玻璃漏斗可挡住气泡。

3）在酒精灯上，将装虫玻璃管加热拉管成细颈，用注射针由漏斗形的小玻璃管管口注入保存液，使装虫玻璃管内的液面超过小漏斗的管口。这样气泡就只能在漏斗的上面，不会再移到漏斗下去。

4）将玻璃管封口，完成整个封管过程（图 17-9）。

标本盒的底部铺上樟脑小块或一层杀虫剂粉，上盖一层脱脂棉，标本陈列于上（图 17-10）。

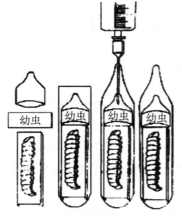

图 17-9　装虫玻璃管制作过程

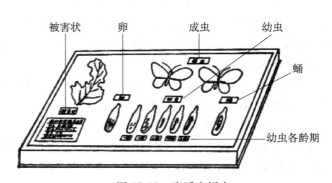

图 17-10　生活史标本
左下角标签示昆虫种名、采集地点、采集时间、采集人、鉴定人等信息

（五）昆虫标本的保存

针插标本应放在标本盒中保存，盒内放入一些干燥剂和驱虫剂，密闭保存于通风、干燥、不被阳光照射的标本柜中。浸制标本应注意密封标本瓶口，陈列于标本橱中。

【作业与思考】

1）列出所制作的昆虫标本的名录。

2）总结昆虫标本采集和制作的注意事项。

实验十八　小白鼠学习和记忆能力的测定

学习和记忆是神经系统高级中枢的重要机能之一。学习是指人或动物通过神经系统接收外界环境信息而获得的行为习惯和经验，记忆是指获取的信息或经验在脑内储存和提取（再现）的神经活动过程。学习的类型可以分为非联合型学习和联合型学习（如经典条件反射，操作式条件反射）。记忆的类型可以分为陈述性记忆和非陈述性记忆；短时记忆和长时记忆。记忆的过程可以分为记忆的获得（信息的获取过程）、巩固（信息的储存过程）、再现（信息的提取过程）及消退等。

小白鼠（*Mus musculus*）是生物学和医药研究中经常使用的实验动物，属哺乳纲（Mammalia），啮齿目（Rodentia）。动物的学习和记忆能力对其生存具有重要意义，小白鼠的学习和记忆能力测定实验被广泛应用于药物研发及脑的高级机能的基础研究中。

【实验目的】

1）学习利用食物迷宫实验、跳台实验或避暗实验检测小白鼠学习和记忆能力的原理与实验方法。

2）通过观察、分析小白鼠学习和记忆的过程，理解大脑在动物行为机制建立中的作用。

3）了解影响学习和记忆的一些因素，以及数据统计分析在科学研究中的重要作用。

4）培养自主设计和实施实验的能力，了解数据统计分析在科学研究中的重要作用。

【实验内容】

根据实际情况选做以下一或两个实验。

1）食物迷宫实验：测量在不同训练次数下小白鼠走出迷宫找到食物所需的时间。

2）跳台实验：测量小白鼠的潜伏期和在规定时间内的错误次数。

3）避暗实验：测量小白鼠的潜伏期和在规定时间内的错误次数。

【实验材料与用品】

（一）材料

小白鼠（体重 20～25g）。

（二）用品

BA-200 小鼠避暗自动测试仪或 YLS-17B 避暗穿梭测试仪，ZH-800 型小鼠跳台仪，其他实验用品由学生根据实验需要自行准备。4% 苦味酸溶液，35% 乙醇溶液，氢溴酸东莨菪碱注射液，0.9% 氯化钠溶液。

【操作与观察】

（一）食物迷宫实验

在人为设置的迷宫里，动物通过不断感受复杂通道的结构，调整和改进行为。随着训练次数的增多，逐渐建立条件反射并形成记忆。这可以通过记录动物搜寻食物所需时间的长短加以评价。

1. 迷宫设置

用有机玻璃板、硬纸板或木板构建迷宫。高度以小白鼠不能爬上为宜，上面也可以盖上玻璃板。迷宫构造可自行设计，图 18-1 是一个设计范例。

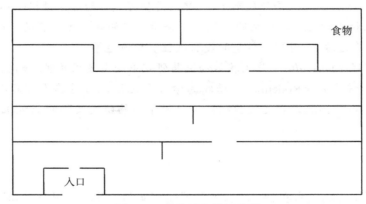

图 18-1　食物迷宫设计范例

2. 小白鼠食物迷宫学习记忆测试

1）选择年龄、性别、体重范围一致的活跃小白鼠 5 只。实验前禁食 1d，但提供饮水。如实验室气温较低，则注意保温。

2）在迷宫内特定位置放置小白鼠喜欢的食物，取小白鼠一只，放到迷宫入口，记录其找到食物所需时间。

3）5min 后，重复上述步骤，对该小白鼠进行第 2 次实验。以同样的间隔时间再对其进行 4 次实验，每只小白鼠共计进行 6 次实验。（＊间隔时间对实验结果有何影响？）

4）重复上述步骤，依次对其余 4 只小白鼠进行实验，记录每只小白鼠找到食物所需的时间。列表记录每只小白鼠每次走出迷宫所需要的时间。

3. 数据处理

用 Excel 软件分析并绘图，计算出 5 只小白鼠每次实验找到食物所需时间的平均值。以实验次数为横坐标，找到食物的时间为纵坐标，建立直角坐标系。把上述平均值标在坐标纸上并连接各点，从而得到实验次数与寻找时间的关系曲线。观察图形的变化趋势并进行分析。

　　4.实验设计

　　比较不同条件个体的学习和记忆能力。选择不同性别、年龄和体重的小白鼠，分别进行上述实验，每种条件的小白鼠不少于 3 只。自行考虑相关数据处理方法。

（二）跳台实验

　　小白鼠跳台仪是以电击为刺激，利用动物对电击刺激的逃避反应，使实验动物产生由被动回避转为主动回避的条件反射而设计的。在一个底面可以通电的反射箱内放置一个绝缘的跳台，当动物在训练中受到电击时，可以跳上跳台逃避电击，由此获得记忆，通过测试动物在平台上的潜伏期来测试记忆能力，从而反映实验动物的学习和记忆能力的变化。

　　1.基本操作过程

　　1）将动物放入反应箱内适应环境 3min。

　　2）打开电源开关，设定实验参数，设定相对较低的刺激电压。

　　3）训练测试：按下"启/停"开关，系统立即通电。当动物在底部栅栏上受到电击后，其正常反应是跳回平台，以逃避电击。多数动物可能再次或多次跳至铜栅上，当它们再次受到电击后又会迅速跳回平台。训练数次后，动物获得记忆，可以按固定时间的错误次数作为训练时动物的学习成绩。

　　4）记忆测试：设定好测试时间后，按"启/停"开关，将经过训练后筛选分组的动物依次放入各通道反应箱内的平台上，系统将依次自动触发该通道计时。当某通道动物第一次跳下平台时，该通道计时结束，此即为该动物的记忆潜伏期，动物在测试时间内反复上下的次数记录为受到电击的次数，即错误次数。

　　5）24h 或 48h 以后，将动物以同样方式再次放置于平台上，按记忆测试模式进行测定动物的记忆巩固情况。

　　6）停止训练 5d 后（包括第 5d）可以在不同的时间进行一次或多次记忆测试来测定动物的记忆消退。

　　2.实验指标

　　（1）潜伏期　　　记录训练后的实验动物在测试时第一次跳下平台所用的时间。

　　（2）错误次数　　　记录 5min 内动物跳下平台受到电击的次数。

　　3.注意事项

　　1）动物的回避性反应差异较大，可对动物进行预筛选或按学习成绩好坏档次进行实验。

　　2）由于个体差异，实验宜先施加相对较低刺激的电压，以免电死动物。

　　3）实验时间可根据需要自行调整设定。

　　4）实验环境等其他要求：实验在常温下进行。

　　5）实验中应注意抓取小白鼠动作要轻柔，避免其受到惊吓。

　　4.实验设计与数据分析

记忆损伤的动物由于记忆力下降，表现为潜伏期缩短，同时错误次数增加。而可以改善学习和记忆能力的药物可以缓解这种现象，使潜伏期延长，错误次数减少。

以东莨菪碱对小白鼠学习和记忆能力的影响为例。

（1）实验动物分组　　选用体重为 20～22g 的小白鼠 20 只，随机分为对照组和实验组，并用苦味酸对小白鼠进行编号。

（2）药物对学习和记忆能力的影响　　在测试前 10min 给两组小白鼠进行腹腔注射，实验组注射氢溴酸东莨菪碱注射液（3mg/kg），对照组注射等体积的 0.9% 氯化钠溶液。

（3）数据分析　　采用 SPSS 软件进行数据分析，将所有动物的潜伏期和错误次数数据分别录入到软件中，并用软件计算出每组动物潜伏期或错误次数的平均值和标准差。以组别为横坐标，潜伏期或者错误次数为纵坐标，以每组动物的潜伏期或错误次数的平均值绘柱形图，并将标准差数值以误差线标记在柱形上。采用 t 检验进行数据分析，如果 $P < 0.05$ 说明实验组与对照组间差异显著，在图中实验组的柱形上方以"*"标注。

（三）避暗实验

小白鼠具有喜暗的生活习性，但是如果它们在暗处受到电刺激，就会被迫逃回明亮的地方并获得记忆。这种被动回避反应是检测小白鼠学习和记忆能力的一个模型。可以通过观察并记录小白鼠第一次进入暗箱时的潜伏期和进入加有电刺激暗箱的总次数（被电击次数），来考察小白鼠的学习和记忆能力。

1. 基本操作过程

1）适应阶段：打开避暗自动测试仪明室与暗室之间的洞门，将小白鼠以尾部朝向暗室的方向放入明室，使其自由活动 3min 后放回笼子。

2）学习测试：小白鼠适应避暗自动测试仪内的环境后，将避暗自动测试仪的电击电压设置成 33V，测试时间设置为 10min。将小白鼠以尾部朝向暗室的方向放入明室，待小白鼠进入暗室后关闭明室与暗室之间的洞门，同时启动电刺激器。

记录指标：小白鼠自明室到暗室的时间（潜伏期）。

记录小白鼠受到电击后的反应：1 级反应为尖叫并跳跃；2 级反应为只尖叫不跳跃；3 级反应为不尖叫不跳跃。

3）记忆测试：将避暗自动测试仪的电击电压设置成 33V，测试时间设置为 10min。关闭明室与暗室之间的洞门，将小白鼠以尾部朝向暗室的方向放入明室，打开洞门同时按下启动键，仪器记录小白鼠第一次进入暗室的时间（潜伏期）及进入暗室的次数（受到电击的次数）。

4）实验数据打印和分析。

2. 实验设计与数据分析

以 35% 乙醇溶液对小白鼠学习和记忆能力的影响为例。

1）实验动物分组：选用体重为 20～22g 的小白鼠 20 只，随机分为对照组和实验组，并用苦味酸对小白鼠进行编号。

2）药物对学习记忆的影响：在记忆测试前 20min 分别给两组小白鼠灌胃，对照组为 0.1ml/10g 的生理盐水，实验组为 0.1ml/10g 的 35% 乙醇溶液，再进行记忆测试，分析小白鼠第一次进入暗室的时间（潜伏期）及进入暗室的次数（受到电击的次数）。

3）数据分析参考跳台实验。

3. 注意事项

1）实验中应注意抓取小白鼠动作要轻柔，避免其受到惊吓。

2）防止被小白鼠咬伤。

3）尽量同一个人完成实验，保持安静。

4）在学习测试中如果小白鼠超过100s仍不进入暗室，将其剔除实验。

5）设计实验时注意给药时间、给药剂量及给药方式，具体可参考文献。

【作业与思考】

1）食物迷宫实验中不饥饿小白鼠寻找食物的时间与饥饿小白鼠有何差异？

2）用SPSS软件分别统计分析设计实验中两组小白鼠在跳台实验或避暗实验的潜伏期和错误次数，讨论药物对小白鼠学习和记忆能力的影响。

3）通过查阅资料，设计实验研究人参皂苷Rb1对染铅小白鼠学习和记忆能力的影响，并写出详细的实验方案。

4）查阅资料了解一些其他研究小白鼠学习和记忆能力的方法。

实验十九　大学校园鸟类调查

鸟类是自然生态系统的重要成员，鸟的种类、数量及其与栖息地的关系，可以客观反映城市环境的质量。大学校园往往具有相对茂密的植被和幽静的环境，是城市生态系统中吸引更多鸟类栖息的绿洲。通过对校园鸟类种类、数量和栖息地利用的调查，可以帮助学生获得对动物学课堂内容的感性认识，进行野外动物研究的基本训练，同时还可以提高自然保护的意识。

【实验目的】

1）认识常见的校园鸟类，掌握鸟类分类的基本知识。

2）了解鸟类数量调查的基本方法，理解鸟类与其栖息环境的关系。

3）增强自然保护意识。

【实验内容】

1）调查校园常见鸟类的种类和数量。

2）分析研究鸟类与栖息地的关系。

【实验材料与用品】

（一）材料

校园内常见的野生鸟类。

（二）用品

双筒望远镜（7～10 倍），照相机，测距仪，卫星定位仪（GPS 仪），校园地图，鸟类图鉴，野外鸟类识别手册，记录本。

【操作与观察】

（一）调查时间

调查时间要与鸟类的活动规律相一致。多数鸟类在日出后和日落前 2h 的时间段内活动比较频繁，所以调查时间应在清晨和傍晚，选择晴朗无风的日子进行。但是日落前 2h 校园内人类活动通常比较频繁，这对调查结果会有一定影响，因此，清晨是进行校园鸟类调查的最佳时间。

（二）调查样点的确定及其特征

1. 确定调查样点

基于校园环境的特点和常用鸟类调查方法的优缺点，选用样点法作为调查校园鸟类种类和数量的方法。校园里典型的栖息地类型包括行道树、建筑物旁绿化、乔灌木混杂地、草坪等。在每种类型的栖息地内，随机确定调查样点 3～5 个（图 19-1）。如果某一个样点所涉及的某种类型的栖息地面积较小而且不规则，则要记录整个栖息地范围内的鸟类；如果栖息地面积较大，则只要记录该栖息地中半径 20～25m 的圆形范围内的鸟类即可。

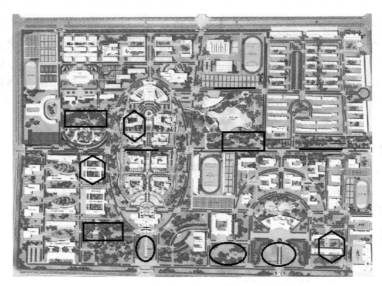

图 19-1　大学校园地图及样点选择参考

4 种栖息地共 12 个样点，矩形代表乔灌木混杂地，六边形代表建筑物旁绿化，椭圆形代表草坪，线形代表行道树

2. 测量样点的特征

对于每一个样点，测量可能影响鸟类分布的栖息地变量 3～6 个（表 19-1）。

表 19-1　栖息地变量测量记录表

样点编号	样点类型	面积 /m²	植被盖度 /%	人为干扰度	
				行人 /（人 /h）	车辆 /（辆 /h）
1					
2					
...					

（1）面积　　特定样点涉及的栖息地所占的实际面积，通过 GPS 仪或步行丈量测定。

（2）植被盖度　　乔木、灌木和草本的垂直投影分别占整个样地面积的比例。

（3）人为干扰度　　单位时间所调查栖息地 10m 范围内行人和机动车的流量。
（*注意：测量时间选在与调查时间相同的时间段。）

（三）样点法鸟类数量记录和统计

在样点内，观察记录 8～10min 内听到和看到的所有鸟类的种类和数量（记录方式如表 19-2 所示），对于较远及较高位置的鸟类，可以借助望远镜辨认，而从上空飞过的鸟类则不记录。对不认识的种类，应描述其身体和行为特征（或拍照、录像），而后通过鸟类图鉴进行种类确定。记录在相同的样点统计 3d 的观察结果。（*注意：调查时，不宜穿太鲜艳的服装，也不要频繁走动，以免干扰鸟类活动。）

表 19-2　鸟类种类和数量调查记录表

样点编号：　　　　日期：　　　　开始时间：　　　　结束时间：　　　　天气：

鸟名	第一天数量	第二天数量	第三天数量	备注
A				
B				
C				
D				
...				

【实验结果及分析】

（一）鸟类组成分析

将表 19-2 内的原始数据录入 Excel 软件，求出每个样点重复调查所获各个物种的平均值，再按物种合并所有样点的数据。根据实际调查结果和查阅资料，确定各个物种的居留型、分布型及生态类群（表 19-3）。

表 19-3　校园鸟类的组成

鸟名	栖息地类型	数量	比例 / %	居留型	分布型	生态类群	保护现状
A							
B							
C							
…							

（二）鸟类多样性分析

1）多样性指数：用香农-维纳（Shannon-Wiener）指数（H'）表示。

$$H' = -\sum_{i=1}^{s} P_i \ln P_i$$

式中，P_i 为某一生境中第 i 种鸟的个体数量占该生境所有鸟类个体数量总和的比例（N_i 为第 i 种鸟的个体数量，N 为该生境所有鸟类个体数量的总和，$P_i = N_i/N$）；S 为该生境调查记录的鸟类种类数。

2）物种优势度：以调查期间某种鸟的数量占该生境所有鸟总数的比例作为划分种群数量等级的优势度指数。物种优势度采用辛普森（Simpson）优势度指数（C）计算。

$$C = \sum_{i=1}^{s} P_i^2$$

式中，P_i 和 S 含义同上。C 超过 5% 时该物种为优势种，1%～5% 为常见种，少于 1% 为稀有种。

3）多度和丰度是表示某一地区生物多样性的常用指标。

多度（个体平均密度）＝个体总数 / 样点面积；

丰度（种类平均密度）＝种类数量 / 样点面积。

（三）鸟类与栖息地的关系

统计并比较不同类型栖息地鸟的种类、数量和多样性指数，分析鸟类与栖息地的关系（表 19-4）。

表 19-4　鸟类与栖息地的关系分析

栖息地	物种数	多样性指数	物种优势度	多度	丰度
行道树					
乔灌木混杂地					
草坪					
建筑物旁绿化					
…					

【作业与思考】

1）思考栖息地植被覆盖率和人为干扰对鸟类数量和多样性的影响。

2）根据调查结果，你认为在校园规划建设中，应当采取哪些措施以保护鸟类生存？

实验二十　实验选题、设计与实施

学生在已掌握动物生物学基础知识、基本理论和基本实验技能的基础上，在教师指导下，根据实验室条件，完成选题、设计、准备、实施实验和小结实验等全过程，以培养学生的发现和分析解决问题能力、创新思维，以及团队协作能力。

【实验目的】

1）培养学生的创新意识和创新能力，学生基于所学知识提出问题、查阅资料设计实验、完成实验、根据实验结果得出结论。

2）检验动物生物学实验教学质量。

【实验内容】

1）查阅资料，选题。

2）查阅资料，设计实验。

3）实施并完成实验。

4）分析实验结果，写出实验报告。

【实验材料与用品】

由学生根据实验需要自行准备。

【实验方法与步骤】

学生以小组为单位完成设计实验，在此期间实验室全面开放。

（一）选题

1）由教师讲解开展设计实验的目的、意义和具体安排，介绍实验室所具备的实验条件，明确选题的范围，指导学生选题。

2）由教师提供选题，学生选定实验题目，或由学生查阅资料，自行命题，报教师审批。

（二）设计实验

1）教师讲解设计实验的基本原则。

2）学生进一步查阅资料，讨论，写出实验设计，交教师审阅、修改、完善。

3）设计实验内容，包括：课题名称、目的意义、材料与用品、方法与步骤、预期实验结果。

（三）实施实验

1）根据实验设计，进行实验准备工作，包括试剂的配制、实验器具和实验材料的准备等。

2）按实验设计的方法步骤，完成实验的全过程，并做实验记录。

3）向教师报告实验情况和结果，经教师批准后方可结束实验。

（四）小结实验

分析讨论实验结果。以小论文形式撰写实验报告，内容包括摘要、前言、材料与方法、实验结果、讨论、参考文献等部分。

【作业与思考】

1）以小论文的形式撰写实验报告。

2）总结实验的收获和体会。

主要参考文献

白庆笙，王英永，项辉，等．2007．动物学实验．北京：高等教育出版社．

白庆笙，王英永，项辉，等．2017．动物学实验．2版．北京：高等教育出版社．

秉志．1960．鲤鱼解剖．北京：科学出版社．

曹长雷．2009．长江师范学院校园夏季鸟类群落与多样性分析．生物学杂志，26(5):44-47．

丁汉波．1982．脊椎动物学．北京：高等教育出版社．

董自梅，司马应许，李小艳，等．2017．日本三角涡虫趋食性分析．生态学杂志，36(2):436-441．

方展强，肖智．2005．动物学实验指导．长沙：湖南科学技术出版社．

高莉，彭晓明，张富春，等．2013．不同剂量东莨菪碱对小鼠学习记忆功能的影响．医药导报，32(5)：573-576．

顾勇．2011．脊椎动物骨骼标本的制作．安徽农业科学，39(14):8628-8630．

郭自荣，徐纯柱，谢桂林．2018．动物学实验．北京：中国农业出版社．

韩亚鹏，范小峰，史红全，等．2014．石油污染物对日本三角涡虫的毒理作用、摄食及再生的影响．宜春学院学报，36(9):98-100，134．

郝天和．1959．脊椎动物学（上册）．北京：高等教育出版社．

郝天和．1964．脊椎动物学（下册）．北京：人民教育出版社．

何建平，乔卉．2018．动物生理学实验．北京：科学出版社．

贺秉军，赵忠芳．2018．动物学实验．北京：高等教育出版社．

侯悦，吴春福，何祥，等．2006．氟哌啶醇对小鼠在避暗实验中学习记忆获得、巩固和再现过程的影响．中国临床康复，10(34)：99-102．

胡泗才，王立屏．2010．动物生物学实验指导．北京：化学工业出版社．

黄诗笺．2006．动物生物学实验指导．2版．北京：高等教育出版社．

黄诗笺，卢欣．2013．动物生物学实验指导．3版．北京：高等教育出版社．

江静波，陈俊民，陈如作．1982．无脊椎动物学（修订本）．北京：高等教育出版社．

姜云垒，冯江．2006.动物学．北京：高等教育出版社．

解景田，赵静．2002．生理学实验．2版．北京：高等教育出版社．

解景田，刘燕强，崔庚寅．2009．生理学实验．3版．北京：高等教育出版社．

李海云．2014．动物学实验．北京：高等教育出版社．

李淑玲．2016．动物学．北京：高等教育出版社．

刘昌利，韦传宝，胡道升．2007．日本三角涡虫摄食行为的影响因素．生物学杂志，24(1):50-52.

刘凌云，郑光美．1997．普通动物学．3 版．北京：高等教育出版社．

刘凌云，郑光美．1998．普通动物学实验指导．2 版．北京：高等教育出版社．

刘凌云，郑光美．2009．普通动物学．4 版．北京：高等教育出版社．

刘凌云，郑光美．2010．普通动物学实验指导．3 版．北京：高等教育出版社．

刘松青，冷澜．2004．桃花水母的采集与制作．中学生物学，20(3):44.

赛道建，贾少波．2010．普通动物学实验教程．北京：科学出版社．

孙虎山．2010．动物学实验教程．2 版．北京：科学出版社．

王慧阳，常凤滨．2005．蟾蜍视觉的识别实验探究．生物学通报，40(9):45.

王戎疆，龙玉，李大建，等．2018．动物生物学实验．北京：北京大学出版社．

王甜，陈芬，林宏辉．2015．一种安全有效的动物骨骼标本制作方法．实验科学与技术，13(5):260-263.

温安祥，郭自荣．2014．动物学．北京：中国农业大学出版社．

武迎红．2006．剥制动物标本的制作技术．赤峰学院学报，22(6):19-20.

许崇任，程红．2008．动物生物学．2 版．北京：高等教育出版社．

杨安峰．1992．脊椎动物学．2 版．北京：北京大学出版社．

杨琰云，韦正道，屈云芳．2005．动物学实验教程．北京：科学出版社．

叶建生，王权，熊良伟，等．2013．鱼类浸制标本的制作技术．生物学教学，38(3):54.

张涛，宋凤站．2008．软体动物标本的制作．生物学通报，43(10):27.

张训蒲．2009．普通动物学．北京：中国农业出版社．

赵家升，艾薇．2016．脊椎动物附韧带骨骼标本制作的实践与研究．高校实验室工作研究，(3):53-55.

赵欣如．2018．中国鸟类图鉴．北京：商务印书馆．

郑作新．2002．中国鸟类系统检索．3 版．北京：科学出版社．

周波，王宝青．2014．动物生物学．北京：中国农业大学出版社．

周贵凤．2016．动物标本的分类及制作方法．农村经济与科技，27(20):227-229.

周银环，黄海立．2014．海洋经济生物标本的采集、制作和保存．河北渔业，(6):66-70.

左仰贤．2010．动物生物学教程．2 版．北京：高等教育出版社．

Miller S A，Harley J P．2004．Zoology（影印本）．北京：高等教育出版社．

Young J Z．1981．The life of vertebrates．3rd ed．Oxford：Clarendon Press.

附　　录

附录一　染色液、试剂和浸制昆虫标本保存液的配制

【艾利希（Ehrlich）苏木精染液】

称取 2g 苏木精溶于 100ml 无水乙醇或 95% 乙醇溶液中，然后加入 10ml 冰醋酸和 100ml 丙三醇搅拌均匀。将 10g 硫酸铝钾加热溶解于 100ml 蒸馏水中。将上述两种溶液混合并搅拌均匀，倒入瓶中。瓶口用一层纱布包裹的棉花塞上，置于暗处通风的地方，并经常摇动促进染液"成熟"，成熟的标志是液体颜色变为深红色。成熟时间 2～4 周。如果加 0.4g 碘酸钠可加快成熟。艾利希苏木精染液用于动植物细胞核染色，染色时间 5～10min。

【吉姆萨（Giemsa）母液】

将 1g 吉姆萨粉末先溶于少量甘油中，在研钵内研磨至看不见颗粒为止，再将全部甘油（共 66ml）倒入，置于 56℃温箱中保温 2h。然后再加入 66ml 甲醇，搅匀后置于棕色瓶中保存。母液配制后放入冰箱可长期保存，刚配制的母液染色效果欠佳，保存时间越长越好。使用时用 pH 6.8 的磷酸盐缓冲液稀释 10 倍即可。

【瑞特（Wright）染液】

称取 0.1g 瑞特染料粉末放入研钵内研细后，加入少量甲醇继续研磨，最后将剩余的全部甲醇（共60ml）倒入直至研磨均匀，待染料全部溶解后，将染液置于棕色瓶内保存备用。

【乙酸洋红（Acetocarmine）染液】

将 1g 洋红粉末加入 100ml 45% 乙酸溶液中，边煮边搅拌，煮沸（沸腾时间不超过 30s），冷却后过滤，即可使用。也可再加入 5～10 滴 1%～2% 硫酸铁铵溶液，至溶液变为暗红色而不发生沉淀为止。如要制作永久标本染色时，可加入数滴饱和氢氧化铁或乙酸铁（媒染剂）溶液，至染色液呈浅蓝色为止。

【茜素红（Alizarin red）染液】

取 1～2g 茜素红染料溶于 95% 乙醇溶液中制成茜素红乙醇饱和溶液。然后取一份茜素红乙醇饱和溶液加入 9 份 70% 乙醇溶液，混合即成。

【亚甲蓝及中性红无水乙醇染液】

取亚甲蓝及中性红染料分别用无水乙醇配制成 1‰ 及 0.1‰ 的浓度备用。

【卡宝品红（Carbol fuchsin）染液】

卡宝品红，也称石炭酸品红或苯酚品红，是目前使用较广的一种核染色剂。染液的配制方法如下。

A 液：3g 碱性品红溶于 100ml 70% 乙醇溶液中，可以长期保存。

B 液：10ml A 液中加入 90ml 5% 苯酚，可保存两周。

C 液：B 液 55ml，加冰醋酸 6ml 及福尔马林 6ml，可以长期保存。

染色剂：取 10～20ml C 液加入 80～90ml 45% 的醋酸溶液，再加入 1.8g 山梨醇（也可不加）。一周后成熟。此液可长期使用。

卡宝品红染液对细胞核及染色体有最佳的染色效果，是良好的核染色剂。对于已固定的材料或固定后又经盐酸水解的材料，皆有染色效果，也可作为固定与染色的联合染色剂，直接用于活体材料。

【酸性生理盐水的配制】

将 10ml 0.1 mol/L 盐酸加入 300ml 生理盐水中，调节 pH 至 2.5～3.5。

【红细胞稀释液】

将 0.5g 氯化钠、2.5g 硫酸钠、0.25g 氧化汞，加蒸馏水溶解至 100ml。

【白细胞稀释液】

取 1.5ml 冰醋酸和 1ml 1% 甲紫，混匀，加蒸馏水至 100ml。

【碘酒】

将 2g 碘和 1.5g 碘化钾，先加入少量的 75% 乙醇溶液搅拌，待溶解后再用 75% 乙醇溶液稀释至 100ml。

【碘液】

1g 碘、2g 碘化钾、300ml 蒸馏水，先将碘化钾溶解在少量蒸馏水中，再将碘溶解在碘化钾溶液中，最后用蒸馏水稀释至 300ml。

【肝素溶液】

10mg 纯的肝素能抗凝 100ml 血液。如果肝素的纯度不高或已过期，所用的剂量应增大 2～3 倍。一般可用肝素和 0.9% 的生理盐水配制成 1% 肝素溶液使用。

【草酸盐抗凝剂】

称取 1.2g 草酸铵、0.8g 草酸钾，加蒸馏水至 100ml。为防止霉菌生长，可加 40% 甲醛溶液 1ml。

【模拟海水】

称取氯化钠 13.59g、氯化钾 0.36g、氯化镁（$MgCl_2 \cdot 6H_2O$）2.41g、硫酸镁（$MgSO_4 \cdot 7H_2O$）3.41g、氯化钙 0.5g，加蒸馏水至 500ml。

【重铬酸钾洗液】

将 40g 重铬酸钾加热溶解在 80ml 水中，冷却后将 700ml 工业浓硫酸缓缓倒入，用玻璃棒不断搅拌，配好后装入带盖的容器中保存。新配制的洗液为红褐色，氧化能力很强。如洗液用久后变为黑绿色，说明洗液无氧化洗涤能力。重铬酸钾洗液主要用于浸泡、洗涤如移液管、滴管、带血的载玻片等不易清洗的玻璃器具。

【浸制昆虫标本常用的保存液种类及配方】

1. 乙醇浸泡保存液

乙醇保存液以 70%～75% 浓度最好，为防止标本发脆变硬，可先用低浓度乙醇溶液浸泡24h，再移入75%的乙醇保存液中。也可以加入0.5%～1%的甘油，可保持虫体柔软。

2. 福尔马林浸泡保存液

福尔马林浸泡保存液的配制方法是：福尔马林（40%甲醛溶液）一份，水17～19份。该保存液浸泡标本不易腐烂，大量保存比较经济，但缺点是气味难闻。不宜浸泡附肢长的标本（如蚜虫），容易使附肢脱落。

3. 醋酸、福尔马林、乙醇混合保存液

配制方法：90%乙醇溶液　　　　　　　　15ml

　　　　　福尔马林　　　　　　　　　　5ml

　　　　　冰醋酸　　　　　　　　　　　1ml

　　　　　蒸馏水　　　　　　　　　　　30ml

该保存液对昆虫内部组织有较好的固定作用。缺点是日久标本易变黑，并有微量沉淀。

4. 醋酸、福尔马林、白糖混合保存液

配制方法：冰醋酸　　　　　　　　　　　5ml

　　　　　福尔马林　　　　　　　　　　5ml

　　　　　白糖　　　　　　　　　　　　5g

　　　　　蒸馏水　　　　　　　　　　　100ml

该保存液对于绿色、黄色、红色的昆虫标本有一定保护作用，浸泡前不必用开水烫。缺点是虫体易瘪，不宜浸泡蚜虫。

5. 红色及其他幼虫保存法

先将幼虫用开水烫死后，拿出晾干，再放入固定液中约一周，最后投入保存液中保存。固定液和保存液使用前稀释一倍。

固定液配方：　　　　　　　　　　　保存液配方：

　　福尔马林　　200ml　　　　　　　甘油　　　　20ml

　　醋酸钾　　　10g　　　　　　　　醋酸钾　　　10g

　　硝酸钾　　　20g　　　　　　　　福尔马林　　1ml

　　水　　　　　1000ml　　　　　　水　　　　　100ml

6. 绿色幼虫保存法

固定液配方：醋酸铜　　　　　　　　10g

　　　　　　硝酸钾　　　　　　　　10g

　　　　　　水　　　　　　　　　　1000ml

7. 黄色幼虫保存法

将注射液（配方为：苦味酸饱和水溶液75ml、冰醋酸5ml、福尔马林25ml）用注射器注入已饥饿几天的黄色幼虫体内，约10h后注射液已渗透虫体各部，再投入保存液（配方为：冰醋酸5g、白糖5g、福尔马林25ml）中保存。

8. 蚜虫保存液

保存蚜虫的乙醇溶液浓度至少应为90%。

乳酸酒精配制法：

90%～95% 乙醇溶液一份、75% 乳酸一份

有翅蚜标本常会漂浮起来，可先投入 90%～95% 乙醇溶液中，于一周后加投等量乳酸保存起来。

附录二　常用生理溶液的配制

生理溶液是指在动物生理实验中代替体液维持离体组织器官或在体器官正常生命活动的溶液，以便能够较长时间地维持离体组织器官或在体器官的正常活动。

在脊椎动物实验中，常用的生理溶液有生理盐水、任氏液（Ringer's solution，也称为林格氏液）、乐氏液（Locke's solution）和台氏液（Tyrode's solution）等。各种常用生理溶液的成分和比例如附表 2-1 所示。

附表 2-1　常用生理溶液成分表　　　　　单位：g

成分	任氏液（两栖类用）	乐氏液（哺乳类用）	台氏液（哺乳类用）	生理盐水 两栖类	生理盐水 哺乳类
氯化钠	6.50	9.00	8.00	6.50～7.00	9.00
氯化钾	0.14	0.42	0.20	/	/
氯化钙	0.12	0.24	0.20	/	/
碳酸氢钠	0.20	0.10～0.30	1.00	/	/
磷酸二氢钠	0.01	/	0.05	/	/
氯化镁	/	/	0.10	/	/
葡萄糖	2.00	1.00～2.50	1.00	/	/
蒸馏水	均加至 1000ml				

生理溶液的配制方法：一般先将各种成分分别配制成一定浓度的母液，然后按照附表 2-2 中的所示体积混合。注意氯化钙应在其他母液混合并加入蒸馏水稀释后，方可边搅拌边逐滴加入，以防钙盐沉淀生成。此外葡萄糖应在临用前加入，否则不能放置太久。

附表 2-2　配制生理溶液所需的母液及其体积

成分	母液质量分数 /%	任氏液 /ml	乐氏液 /ml	台氏液 /ml
氯化钠	20	32.5	45.0	40.0
氯化钾	10	1.4	4.2	2.0
氯化钙	10	1.2	2.4	2.0
磷酸二氢钠	1	1.0	/	5.0
氯化镁	5	/	/	2.0
碳酸氢钠	5	4.0	2.0	20.0
葡萄糖	/	2.0	1.0～2.5	1.0
蒸馏水	/	均加至 1000ml		

附录三　常用实验动物的主要生物学特征和生理数据

附表 3-1　常用实验动物的主要生物学特征和生理数据

项目＼名称	家兔	大白鼠	小白鼠	豚鼠	家鸽	蟾蜍
体重 / g	1500~3000	180~250	20~30	300~600	—	200~300
寿命 / a	4~9	2~4	2~3	6~8	10	6~7
性成熟期	5~8月	2~3月	雌 35~55 d, 雄 45~60 d	5~6月	约 2 a	4 a
孕期 / d	30	30	20~25	60~68	/	/
哺乳期 / d	30~50	30	25~30	30	/	/
生育期 / a	雌 4~5, 雄 2~3	雌 1.5~2, 雄 1~1.5	约 1	雌 3~4, 雄 2.5~3	—	—
每年产仔 / 胎	3~5	4~7	4~9	3~5	/	/
每胎产仔 / 只	1~5	5~9	2~12	1~6	/	/
每年产卵 / 次	/	/	/	/	4~5	无数据
每次产卵 / 枚	/	/	/	/	约 2	6000 余
孵化期 / d	/	/	/	/	14	14
体温（直肠）/ ℃	39.0 (38.5~39.7)	39 (38.5~39.5)	38 (37~39)	38.6 (37.8~39.5)	42.0 (41.5~42.5)	变温动物
呼吸频率 /（次 /min）	51 (38~60)	85.5 (66~114)	163 (84~230)	85 (66~114)	25~70	不定
心率 /（次 /min）	205 (123~304)	328 (216~600)	600 (328~780)	280 (260~400)	170 (141~244)	36~70
总血量（占体重质量分数）/ %	8.7 (7~10)	7.4	8.3	6.61 (5.75~6.99)	7.7~10	5
血压（颈动脉平均值）/mmHg /kPa	110 / 80　14.63 / 10.64	129 / 91　17.16 / 12.10	113 / 81　15.03 / 10.78	77 / 47　10.24 / 6.25	145 / 105　19.29 / 13.97	60 / 30　7.98 / 3.99
红细胞 /（10^{12} 个 /L）	5.7 (4.5~7.0)	8.9 (7.2~9.6)	9.3 (7.7~12.5)	5.6 (4.5~7.0)	3.2~4.05	4.87
血红蛋白 /（g / L）	119 (80~150)	148 (120~175)	148 (100~190)	144 (110~165)	128	80
单个红细胞体积 / μm^3	61 (60~68)	55 (52~58)	49 (48~51)	77 (71~83)	131	—
单个红细胞大小（直径）/ μm	7.5 (6.5~7.5)	7.0 (6.0~7.5)	5.5~6.0	7.4 (7.0~7.5)	6.9~13.2	—
白细胞 /（10^9 个 /L）	9 (6~13)	14 (5~25)	8.0 (4.0~12.0)	5~16	1.4~3.4	2.4
血小板 /（10^9 个 /L）	280	100~300	157~260	116	5~6.4	3~5
血液 pH	7.35 (7.21~7.57)	7.35 (7.26~7.44)	—	7.35 (7.17~7.55)	—	—

注：/ 表示没有该项；— 表示不限定定值

附录四　无脊椎动物的采集、培养与固定保存

【原生动物的采集与培养】

（一）草履虫的采集与培养

1）采集：草履虫常生活在有机质丰富的池塘、水沟、河流、湖泊等水体中，特别是细菌、藻类丰富的水中，草履虫数量更多，密度大时水呈灰白色。在水底沉渣表面浮有灰白色絮状物的有机物质丰富的水中，有大量草履虫。将广口瓶系上绳，沉入水底连同沉渣一同捞起。

2）培养：10g 稻草洗净，剪成 3cm 左右的小段，加入 1000ml 水，煮沸约 20min（注意补充蒸发掉的水分），冷却过滤，放置 24h。在解剖镜下用微吸管将草履虫吸出，反复多次，再将草履虫接种到盛有培养液的三角瓶中，盖上纱布置于阳光充足、温暖的地方 5～7d 后（放置时间与接种时草履虫的数量和培养温度有关），可有大量的草履虫。可在培养液中加入少量玉米粉、小麦粉等物质促进草履虫的繁殖。培养液 pH 6.5～7.0（用 1% 碳酸氢钠溶液调节）时可增加草履虫的密度。

（二）眼虫的采集与培养

1）采集：眼虫通常生活在水不流动、腐烂植物较多的池塘、小河沟和水坑中，尤其是带有臭味、绿色的水体中常可采到眼虫。眼虫大量繁殖时，常使水呈绿色。

2）培养：取腐殖质丰富的泥土 20g 置于盛有 100ml 水的三角瓶中，或取麦粒 8～10 粒放入装有 200～250ml 水的三角瓶中，用棉花轻轻塞住瓶口，煮沸 15min，室温放置 24h，纱布过滤，将滤液倒入三角瓶中，接种眼虫（方法同草履虫），置于向光（非阳光直射）处，20～27℃培养 10d 左右，会有大量眼虫。

（三）变形虫的采集和培养

1）采集：变形虫生活在较为洁净的池塘或水沟中，在水中刚开始腐烂的各种植物的叶片、水草等物体上，都有变形虫附着，刮取上面的黏稠物，用显微镜仔细观察，能发现变形虫。

2）培养：野外采回附有变形虫的树叶、水草等物，放在盛有池塘水的培养皿内，24h 后，晃动一下培养皿，并立即倾出水和水草等物体，然后用清水冲洗几下培养皿，此时用显微镜观察，可见伸出伪足的变形虫紧紧吸附在培养皿底壁上。培养时，只要在有变形虫的培养皿内，放进 4～5 颗米粒，加 20ml 蒸馏水，盖上培养皿盖，放在温暖光亮的地方，但不要让日光直射，2 周后，培养液中就有大量的变形虫。

【水螅的采集与培养】

1）采集：水螅一般生活在水草丰富、清澈缓流的湖塘或小河中，附着在水草的茎叶、水底的石块或其他物体上。伸展时体色较淡，收缩或离水时呈浅灰褐色的小粒状，粘在附着物上，仔细观察才能看见。采集时可在附着物上寻找或采集大量水草和水带回

实验室，放入大型玻璃培养缸内，置于向阳处，静置数小时，水螅体舒展开后即清晰可见。

2）培养：水螅连同水草放入盛有清洁的湖塘水或经阳光直接曝晒几天的自来水的培养缸内，温度控制在 20～25℃，每周投喂 2 或 3 次活水蚤。注意每次投喂后的次日要及时用虹吸管吸去水底的死水蚤、沉渣和一些陈旧缸水，每周换入一半新水即可。如想得到带有生殖腺（精巢或卵巢）的水螅，将水温降到 8℃左右，停止投喂即可。

【涡虫的采集与培养】

1）采集：涡虫生活在水清澈、流动的溪流、水沟中，白天潜伏于石块、落叶下，采集时用板刷蘸水将涡虫刷落到盛有原水的塑料桶或储物盒中，带回实验室。

2）培养：培养涡虫可用洁净的池塘水、井水和泉水或经阳光直接曝晒几天的自来水，培养缸内放入瓦块或鹅卵石便于涡虫隐藏，水温控制在 16～18℃，避强光。可投喂水丝蚓、熟蛋黄、新鲜肝或肉，可每周投食 2 或 3 次，每次投食后应及时清除食物残渣。换水时间依据水质的清浊来定，换水时先用毛笔搅动缸内的水，使沉渣泛起、涡虫下沉，倒出上部旧水，再加入新水。

【蛔虫的采集与固定保存】

1）采集：猪蛔虫寄生在猪的小肠中，现在猪都是集中屠宰，只能请屠宰场的工作人员从猪小肠内容物中帮忙寻找蛔虫，采集后用水稍冲洗，带回实验室。由于现在猪基本都是集中饲养，养殖场为了提高经济效益，经常会在猪饲料中添加驱虫药，所以蛔虫采集的难度逐渐增大，有时连续几个月或更长时间都找不到一条蛔虫。

2）固定保存：带回实验室后，先用 0.7% 生理盐水洗净蛔虫，放入 30%～50% 乙醇溶液中，缓慢加热至 60～70℃，这样既可以杀死蛔虫同时也可以使虫体伸直，然后用 70% 乙醇溶液固定 24h，最后放入盛有含 5% 甘油的 75%～80% 乙醇溶液中长期保存。

【蚯蚓的采集与保存】

1）采集：在农田、菜园、花园或室外草地等富含有机质的土壤中，用锄头或铲子挖土取蚯蚓；在夏季大雨后，蚯蚓会钻出地面，清晨（日出之前）可拾取；也可以直接购买专门养殖的蚯蚓。

2）暂时保存：将活的蚯蚓放入箱底铺垫几层潮湿纸的储物箱内，使箱内保持一定的温度，这样蚯蚓可存活 1～2d，并把粪便排净。

3）固定保存：蚯蚓洗净后，浸于水中，逐滴加入 95% 乙醇溶液，至乙醇浓度达到 8%～10% 为止。待蚯蚓全部麻醉后，依次移入 50%、70% 和 95% 的乙醇溶液内各浸制 24h，然后放入 80% 乙醇溶液或 5% 福尔马林溶液中保存。

【河蚌的采集与固定保存】

1）采集：用带铁丝网兜的耙子从湖、塘、河底的淤泥中捞取；从互联网、水产市场或珍珠养殖场也可购买到活的河蚌。

2）固定保存：河蚌洗去污泥，在清水中养几日后，放入温水中并缓慢加热，蚌壳张开，足慢慢伸出，加热到 50℃，然后在乙醇溶液（50%～70%）中固定几天，最后保存于 10% 福尔马林溶液或 90% 的乙醇溶液中。也可将新鲜河蚌洗去污泥放置于-20℃

冰箱内，冷冻 24h 后取出，解冻清洗，向较大的个体体内注射一定量的甲醛防腐，然后将处理好的河蚌保存在 10% 福尔马林溶液中即可。观察河蚌的心搏动与水温的关系时，要用活的河蚌，不需要固定。为了保证实验用的河蚌鲜活，实验前 1～3d 采集即可。

【螯虾的采集与固定保存】

1）采集：螯虾喜穴居在田沟、池塘和溪流中，属底栖动物。可以根据当地情况自己采集或从水产市场、互联网购买。

2）固定保存：在密闭的容器内用乙醚或氯仿将螯虾麻醉，或将螯虾浸于 10% 乙醇溶液中麻醉，然后向螯虾体内注射含 2% 甘油的 70% 乙醇溶液或 10% 福尔马林溶液，最后保存于 70%～80% 的乙醇溶液中，或 10% 甘油与 7% 福尔马林（1∶1）混合液中。现在水产市场常年销售活的螯虾，所以一般不需要进行固定保存，而且活体解剖时还可以观察螯虾的心的搏动情况。

附录五 动物标本的制作

动物标本是指通过科学方法加工制作后，可以长期保存的动物或动物的部分机体。动物标本种类繁多，按照制作方法可将动物标本分为浸制标本、骨骼标本、剥制标本、干制标本和玻片标本等。下面分别简单介绍各种标本的制作方法。

【浸制标本】

浸制标本是采用保存液来防腐的生物标本。例如，许多无脊椎动物及鱼类、两栖类、爬行类等小型整体和解剖标本常用浸制的方法保存。浸制标本不仅能清晰地显示生物体的外部形态和内部构造，还能长期保持生物体的原来色泽。

（一）无脊椎动物整体浸制标本

无脊椎动物种类繁多，有的身体柔软，有的体被坚硬外壳，还有的身体具有较强伸缩性。制作标本时处理的方法也各不相同。

1. 身体容易伸缩的动物浸制标本

海参、海葵、章鱼、柔鱼等身体柔软，采集时容易收缩、变形，腕足、触手容易扭曲、损伤。制作浸制标本时，要将腕足、触手全部伸张出来，具体有以下两种方法。

（1）窒息法　　将采集到的海参、海葵、章鱼、柔鱼等活的软体动物，先洗净，放进大型标本瓶内，加满河水，加盖、胶布封口，这些活的软体动物不适应淡水中的生活，会慢慢移动身体、挣扎，腕足、触手伸展出来，直到窒息而死，这个过程需要12～20h。检查动物是否已死亡时，可用解剖针刺其身体，观察有无反应。将窒息死亡的动物用水冲洗干净，用棉线缚在玻璃板上，摆好姿态，将适量的 10% 福尔马林溶液用注射器注入软体动物的体腔内，置于含有 5% 福尔马林浸制液的标本缸内进行药液浸制，以便固定成型，浸制 5～7d 后，倒掉混浊的浸制液，继续用 5% 福尔马林溶液浸制10～15d 后取出，用水冲洗干净，放入陈列用的标本瓶内，用 6% 福尔马林溶液作为长久性浸液，加盖并用石蜡或胶布密封瓶口，即成为陈列或珍藏的动物标本。

（2）麻醉法　　将海参、海葵、章鱼、柔鱼等活的软体动物，先洗净，放入盛有海水的玻璃缸或搪瓷盆里，海水的加入量以浸没动物体 50～80mm 为宜，将容器放在不受震动、光线较暗的地方，让动物慢慢地移动并伸出腕足、触手，待其全部伸出后，用滴管吸取 90% 乙醇溶液或硫酸镁饱和溶液轻轻地滴入玻璃缸的水面上，直至缸内药液浓度达到 8%～10% 为止，麻醉致死需要 4～5h。检查动物是否已死及制作标本所用的药液和处理方法均同窒息法。

2. 桃花水母浸制标本

将桃花水母用小匙转入盛有淡水的培养皿中，在水面撒上少量的薄荷脑，1～2min 后，用解剖针轻轻触其身体、触手，无反应即为麻醉致死。另外还可用硫酸镁作麻醉剂，将桃花水母移入盛有 50～100ml 淡水的烧杯中，沿烧杯壁缓缓加入硫酸镁饱和溶液，至烧杯内硫酸镁的浓度达到 1% 时止，麻醉 25min 即可。将麻醉的桃花水母用小匙转移到盛有 7% 福尔马林溶液的烧杯中，固定 30min 左右。最后将固定后的桃花水母移入标本瓶中，加入 10% 福尔马林保存液，贴上标签，封好瓶盖即可长期保存。

3. 体被坚硬外壳的动物浸制标本

将采集到的螺类或贝类，用清水洗干净，然后用 10% 福尔马林溶液或 90% 乙醇溶液杀死并固定，10h 后移入 5% 福尔马林溶液或 70% 乙醇溶液中保存。贝壳较厚且无光泽的种类可用福尔马林保存，如鲍鱼、蚶等；贝壳较薄且有光泽的应用 70% 乙醇溶液保存，如椎实螺、蚬、云母蛤、珍珠贝等。也可将采集到的贝类标本置于有盛海水的容器中，待其充分伸展后，用 1% 硫酸镁溶液麻醉 3h，倒出海水，用 10% 福尔马林溶液将其杀死，8h 后，移入 5% 福尔马林溶液中保存。

4. 蟹类浸制标本

将采集的蟹放在广口大玻璃瓶中，用脱脂棉蘸少许氯仿或乙醚放入，紧塞瓶盖，麻醉 0.5h，如果是咸水蟹也可投入淡水中杀死，然后置于 10% 福尔马林固定液中保存。切忌直接投入固定液中，否则会出现切肢现象。

（二）脊椎动物浸制标本

1. 鱼类浸制标本

选择无任何创伤、鳍条完整、鳞片齐全、外形完好的个体作为浸制标本的材料。

（1）形态整理　　将处死后的鱼清洗干净，用纱布包好，置于大的搪瓷盘中，用注射器从腹部向鱼体内注射 10% 福尔马林溶液，以固定内脏、防腐。然后将鱼背鳍、胸鳍、臀鳍和尾鳍展开，用塑料薄片或厚纸片等将其夹住，并用回形针夹紧，或者用大头针插入各鳍的基部，使其展开成类似生活时的形态。把整理好的标本侧卧于盘内。鱼体向盘的一侧可适量放些棉花衬垫，特别是尾柄部要垫好，以防标本在固定过程中变形。

（2）防腐固定　　加入 10% 福尔马林溶液固定，待鱼硬化后取出。

（3）装瓶保存　　用适当大小的标本瓶，将固定好的标本，头朝下尾朝上放入。对于较珍贵的或小型鱼类，可根据标本瓶的内径和高度截一块玻璃片，将标本用两条丝线分别从鳃盖骨后缘体侧和尾柄部穿入，固定在玻璃片上。用橡胶瓶塞或软木做 4 个玻片固定脚，分别镶嵌在玻片两侧，将玻片和标本缓缓放入标本瓶内。然后加满 7% 福尔马林溶液,加盖并用石蜡封口。

（4）贴上标签　　将科名、学名、采集地点、采集时间、采集人、制作人等信息写在标签纸上或按照标签纸的格式打印标签,并将写好的标签用黏合剂贴在标本瓶口下方。标签的位置要在鱼体正面,可在标签纸上用毛笔刷一层石蜡液,以防标签受损后信息丢失。

2.两栖类和爬行类浸制标本

（1）整理姿态　　首先进行测量、填写标签。把活的两栖类、爬行类动物放入大小适宜的标本缸或厚的塑料袋内,将浸有乙醚或氯仿的脱脂棉放入其中,盖严缸盖或封紧袋口,使动物麻醉致死。将已死的动物取出,用清水洗去体表上的黏液和污物,置于解剖盘内,从腹部后侧向体腔内注入适量的 10% 福尔马林溶液,注射量不宜过多,以免动物体变形失去原状。然后对眼睛、肢体、皮肤部位进行外观整形,按照它们的对称姿态进行摆放。

（2）固定保存　　标本的固定保存方法与鱼类相同。个体中等或较小的标本应头朝上绑于玻璃板上,放入标本瓶中保存,使外形结构更易于观察且展示性更强。

3.解剖标本的浸制制作

解剖标本的制作目的是观察内脏,应去除体壁,暴露出要展示的某一器官系统,小心去除不需要的部分,保持其自然位置,然后用 10% 福尔马林溶液浸泡固定。将写有各器官系统名称的小标签（用铅笔书写）用胶粘贴在各器官上,待黏牢晾干后,浸入 7% 福尔马林溶液中保存即可。

（三）浸制标本长期保存的注意事项

1）新浸制的标本,放置一段时间后,保存液会变黄或混浊,这是动物体内的浸出物所致。根据情况适时更换几次保存液,直至保存液不再发黄为止。

2）要注意保存液的浓度。当打开有强烈刺激气味时,表明浓度恰当。若无任何气味,表明保存液浓度不够,须立即更换。建议每 3 年更换一次保存液。

3）密封瓶口,以防保存液挥发。用封口膜、甘油或石蜡熔化后封口。当标本不能全部浸在保存液中时,应及时添加保存液,否则露出的部分会干、变形,甚至发霉变质。

【骨骼标本】

骨骼标本可分为整体骨骼标本和散装骨骼标本:整体骨骼标本是将骨骼按照其原来的自然位置安装成一个整体;散装骨骼标本即分解为各个部位的骨骼标本。各种脊椎动物骨骼标本的制作有不同的特点,但制作步骤基本相同。

（一）骨骼标本制作的一般步骤

1.选材

选取体形正常、结构完整的新鲜脊椎动物作为实验材料。鲫鱼和鲤鱼等以体长 15cm 以上为宜;制作两栖类动物标本时,最好选用成熟的蟾蜍或蛙;鸟类宜选用成熟个体;兽类则需具体情况具体分析,成熟个体和幼体都可以。

2. 处死动物

无论采取何种方法处死动物，必须使动物骨骼保持完整，鸟类、小型哺乳动物采用窒息法；两栖类采用麻醉法；鱼类采用自然死亡；蛇类可用开水烫死或将其放入 70% 乙醇溶液中使其死亡；家兔等可以采用静脉注射空气的方法处死。将处死的动物清洗或整理后放入解剖盘中。

3. 剔除肌肉

（1）去掉皮肤及其附属物　　刮去鱼类的鳞片，剥掉蛙蟾类、鸟类、小型兽类动物及蛇的皮，龟背面的角质盾片用热处理方法去掉。

（2）去除动物内脏　　对于蛙蟾类、鸟类和小型兽类等动物，用镊子轻夹腹壁肌肉，用剪刀剪开腹腔壁，取出内脏，清洗动物体，擦干水。注意去除内脏时，不要损坏骨骼。鱼的内脏要等到肌肉剔除后再去除。龟可以用解剖刀或其他刀具将其背甲和腹甲对称切开，再去除内脏。

（3）粗剔大块肌肉　　用解剖刀剔除鱼类脊柱对应位置的肌肉，蛙蟾类四肢肌肉及背部肌肉，蛇类脊柱背部的肌肉，鸟类四肢肌肉，小型兽类背部和腹部的大块肌肉和四肢肌肉。要注意保存软骨，如蛙胸骨上的软骨及舌骨、鸡胸骨上的软骨等。

（4）精剔较小的肌肉　　用大镊子夹住动物体（也可用细塑料绳固定动物）放入沸水中，处理时间一般不超过 1min，使肌肉收紧，容易剔除。对于蛙、蟾蜍、蛇等动物热处理时间越短越好；对于个体较大的动物可将热处理—剔除过程重复多次。但精剔鱼类较小肌肉时，不要用热处理的方法，因为鱼的头骨经过开水处理后极易分离，鱼鳍经开水处理后则极易损坏，要用冷剔的方法。

剔除鱼、蛙和蟾蜍的细小肌肉时，注意不要将头骨与脊柱分离，骨骼间最好保留一些韧带。另外，可以将蛙、蟾蜍、鸟、兽、龟和鳖的前肢和后肢，以及鱼的背鳍、腹鳍和臀鳍从母体上分离出来，以利于分离肌肉。对于细小而又零碎的骨骼要注意保存，如蛙蟾类的舌骨和胸骨，以及蛙、蟾蜍、鸟、兽、龟、鳖的指（趾）骨和肋骨，同时要注意骨的连接及骨骼之间的相对位置。

4. 吸脑髓和骨髓

将解剖针从枕骨大孔处伸入到脑颅中，旋转解剖针将脑髓捣碎，将脱脂棉条顺时针旋入脑颅中并旋出，重复 3 或 4 次，吸出脑髓。对于蛙、蟾蜍、鸟、兽、龟和鳖等动物长骨中的骨髓，可以用解剖针或小钻头从两端或中间钻孔后，用脱脂棉条旋转吸出。

5. 腐蚀与脱脂

将骨骼主体、附肢骨骼放入盛有 0.4%～0.8% 氢氧化钠溶液的塑料容器内，腐蚀和脱脂，溶液要完全浸没骨骼。腐蚀脱脂时，要注意氢氧化钠溶液的浓度：鱼类、蛙蟾类、蛇和幼兔用 0.4%～0.5% 的浓度即可；鸟类、小型兽类、龟、鳖用 0.6%～0.8% 的浓度。腐蚀脱脂时间为 6～36h，具体时间要视标本的大小和腐蚀脱脂的情况而定。为了节省时间可将粗大的骨骼放在较高浓度的溶液中腐蚀。随时注意观察，以免腐蚀过度，导致骨与骨之间的韧带断开、骨骼分离。用手帕纸擦拭骨骼表面、脑颅和骨髓腔，如果纸上没有出现油渍，表明脱脂完成，否则需继续脱脂。腐蚀结束后，取出骨骼，用清水漂洗干净，用小镊子或解剖针仔细轻剔残留的肌肉屑，并用牙刷刷洗。鱼类头骨上的肌肉和鳃盖膜、鳍条骨及其他骨骼间的一些膜，需要用牙刷轻轻刷掉。肌肉覆盖的部分骨骼，脱脂效果不佳，可以用纱布吸干骨骼水分，然后浸入汽油或二甲苯中脱脂，时间一般不超过 5h，取出洗净，晾干。

6. 漂白

将骨骼浸入浓度为 1.0%～2.0% 的过氧化氢溶液中 6～24h，待骨骼颜色变成洁白时取出，用清水冲洗干净。漂白的时间与过氧化氢溶液的浓度、温度和标本的大小等因素有关。漂白好的骨骼，往往透明有光泽。漂白时间如果过长，骨骼表面常会形成小洞；漂白时间如果过短，骨骼会发黄或变黑。

7. 成型与装架

一般在骨骼完全晾干后进行成型与装架，但蛇的骨骼应在骨骼柔软时成型、装架，因为完全晾干后蛇的骨骼变得僵硬，不容易造型。

（1）选定台板　　根据动物骨骼主体的长短、宽窄选取长条形木板作为固定标本的台板。

（2）固定支柱（架）　　根据动物骨骼的重量选取粗细合适的金属丝作为支柱，根据动物的主体长短及四肢位置确定支柱（架）的数量和位置。鱼类、龟和鳖的骨骼标本需要用支架固定；鸟类和兽类四肢需要用支柱固定。若标本的头骨较大较重，可专门设置一个支架。

（3）骨骼主体上架固定　　将鱼类、蛇的脊柱固定在支架上，蛇的标本也可直接粘在台板上。将金属丝穿入鸟类、兽类四肢长骨中，调整四肢与脊柱的相对位置，造型。

（4）固定其他骨骼　　制作过程中，一些骨骼与主体分离，此时应把它们连接在正确的部位。将鱼的腹鳍（含腰带）、臀鳍（含辐鳍骨）和背鳍（含支鳍骨）分别黏附在相应的位置，胸鳍、腹鳍和臀鳍展开方向与鱼体纵轴一致；也可以用长短合适的铜丝或细棉线把腹鳍、臀鳍挂在脊柱相应位置上。对于四足动物，要将散开的腕骨、掌骨和指（趾）骨黏附在四肢长骨上，注意彼此的顺序；蛙的舌骨可以黏附在头骨下的台板上。

8. 标注骨骼标本

用数码相机拍照后，依据骨骼标本图片标注各骨骼的名称，注明图片名称、作者和制作时间。将标本图片贴在台板上的相应位置。

（二）脊椎动物骨骼标本保存注意事项

为了长期有效保存，需将成型、装架好的动物骨骼标本放入密封标本盒内。标本盒的大小依据骨骼标本的大小而定，可用有机玻璃材料做盒体。在标本保存过程中，应特别注意以下几方面。

1. 防潮防霉

在标本盒内放吸湿剂（干燥剂）或室内装抽湿机，若标本已经发霉，可用软毛笔蘸乙醇与苯酚混合液（7∶3）刷洗或直接用无水乙醇刷洗。

2. 防鼠防虫

要防止老鼠进入标本盒内损坏标本，所以要选择坚固的标本盒安放标本。注意标本盒盖要严密、少开，盒内随时保持驱虫剂或杀虫剂浓烈的气味。若标本已生虫，则可将浸有敌敌畏原液的药棉放入标本盒内，盖上盒盖，熏蒸几天，可杀死蛀虫。

3. 防尘防阳光

标本盒应尽量少开、密闭，可减少落入的灰尘。少开门窗、窗户上安装窗帘，可防止阳光直接照射在标本上，这样可以防止因日光照射而导致标本变色。

另外，为了保护标本免受损坏，应随时检查，最好每年用药剂熏蒸一或两次。

【剥制标本】

剥制标本是将动物的皮连同皮外的覆盖物（如羽毛、鳞片、毛等）一同由躯体上剥下来，然后再根据动物的原形，缝制成标本。鸟类和哺乳类的标本通常用此方法进行制作。根据要求的不同，剥制标本有两种类型：一种是陈列标本，称为真剥制标本，要求制成生活时的姿态；另一种是研究标本，又称为假剥制标本，按统一规格剥制。下面以小型鸟类及鼠类为代表，简单介绍假剥制标本的制作方法。

（一）鸟类假剥制标本

1. 测量记录

科研及教学用标本在剥制前应进行测量，测量内容主要为体重、体长、翅长、尾长、跗跖长、喙长等，将以上测量内容及采集地点、日期、采集人、采集编号，填写在鸟类标本专用标签上备用。

2. 剥皮

1）使鸟仰卧于解剖盘内，为防污物外溢，需要向嘴和肛门内塞入少许棉花。用纱布蘸水将胸部羽毛打湿，用手或手术刀分离胸部羽毛，露出皮肤，用手术刀沿胸部前端正中至龙骨突起后缘纵剖，只划开皮肤，注意不要割破肌肉。然后将皮肤向两边分离，直到两侧腋部。用手拉出鸟颈，使其与皮肤脱离，并用粗剪刀把颈部剪断。在剥皮过程中，如遇出血或脂肪过多，可撒些石膏粉去污。

2）左手拿起连接躯体的颈部，右手按着皮缘慢慢剥离肱骨和肩部之间的皮肤，用粗剪刀将肱骨与躯干部连接处剪断，用同样的方法剪断另一侧肱骨；继而沿着背部向腰部剥离。

3）在剥到腰部荐骨处时要特别小心，因这里皮肤较薄，且羽轴紧附于荐骨，需慢慢用拇指指甲沿荐骨刮离皮肤。在剥离腰背部皮肤的同时，需相应地向腹部剥离，直至腹部和腿部露出。

4）用骨钳将股骨和胫骨之间剪断，使腿部与身体分离，再向尾部剥离。剥到尾部时，宜用骨钳剪断肛门与尾基，使腿部与身体分离，皮上若附有脂肪或肌肉，应一同除净。这时，鸟类的整个躯干胴体与皮肤已分离。

3. 去除肌肉

1）首先去除翼上的肌肉，用一只手拉住肱骨，另一只手将皮肤慢慢剥离。当剥离至尺骨时，因次级飞羽羽根牢牢长在尺骨上较难剥离，可以用拇指紧贴尺骨将皮肤推下，一直剥离至尺腕关节处，然后把肱骨和尺骨上的肌肉清除掉。随后开始剥离腿部，一直剥离到胫部和跗跖之间，去掉胫骨上的肌肉。

2）左手捏住已与皮肤脱离的颈部，右手将颈部由皮肤内向外拉，使头部外翻，待膨大的头部显露时，操作要精细，以防皮肤破裂。应以拇指按着头部皮缘慢慢剥离。到耳孔处，用手术刀切断外耳道与头骨间的连接，并将皮剥离至眼部，用眼科剪沿眼的四周轻轻剪开。注意不要剪破眼睑，直至剥离到嘴基。接下来用骨钳沿枕骨大孔处剪去颈部，剔去上下颌的肌肉和舌，用镊子摘除眼球，用剪刀将枕骨大孔扩大，用裹有棉花的镊子清除脑髓。

3）待全部剥完后，整个鸟皮已经翻出。此时应剔净残存的肌肉和脂肪，以防制成标本后渗出油脂，污染鸟羽，影响美观或导致害虫蛀蚀。

4. 防腐处理

1）三氧化二砷防腐剂的配制：将 70g 肥皂削成薄片加适量水，放在文火上煮化，搅拌使其溶解，待冷却后加入三氧化二砷（砒霜）100g、樟脑粉 20g、甘油 10ml，搅匀成糊状即可。由于这种防腐剂有一定毒性，现在很少使用。

2）溴氰菊酯防虫剂的配制：溴氰菊酯粉或原液（稀释 250 倍），与皂液或甘油混合即可。

3）硼酸防腐粉的配制：将硼酸、明矾（硫酸铝钾）、樟脑以 5∶3∶2 的比例搅拌均匀即可。

根据实际情况，选择上述一种防腐剂，用毛笔蘸上防腐剂，涂抹于骨骼及鸟皮的内面。

5. 填装

用棉花搓成与眼窝大小相似的小球塞入眼窝，翅和腿部也要缠裹棉花。取一根长度为从脑颅腔至尾基部的竹签或铁丝，竹签前端或铁丝一端用棉花包裹后插入颅腔中。用手捏住喙尖，慢慢将头部翻出。将竹签的后端削尖（或铁丝另一端）插入尾基。然后将一层薄棉铺在竹签下，并用棉花从颈部至腹部依次填塞，使鸟体的形状恢复原有形态。

6. 缝合及整形

用小针和棉线将切口处皮肤缝合。缝合时针先从皮内穿出，再由对侧皮内向外穿出。缝好后打结，将腹面羽毛理顺并盖住缝线，让双翅紧贴躯体。用刷子将羽毛刷净，再用镊子将羽毛调顺复位，两脚交叉或平行后伸摆放平整。最后用一层薄棉花将整个标本裹起来固定，标本阴干、羽毛定位后取下棉花。做好的假剥制标本以体型呈背面平直，胸部丰满，颈部稍短，脚、趾舒展为宜。

7. 挂标签

标本做好后，将注有鸟名、采集日期及地点和测量数据的标签用线挂在左后肢上。

（二）小型兽类标本的假剥制（以鼠为例）

1. 测量记录

将处死的动物以自然状态、腹部朝上、头尾伸直进行外形测量。记录内容包括体重、体长、尾长、耳长和后足长，同时记下采集地点、日期、采集人和采集编号。将各种数据记录在兽类标本标签上。

2. 剥皮

将鼠仰卧在蜡盘内，用手术刀自腹部正中，从胸骨后缘至肛门前端切开皮肤，注意不要伤及腹部肌肉，以防内脏外流污染毛皮。用手指将腹部肌肉和皮肤剥离，进一步向两侧、背部及后肢腿部剥离，并在膝关节处剪断，剔除小腿骨上的肌肉。剪断生殖器、直肠与皮肤连接处。剔除尾基部周围的结缔组织，用手指轻轻揉搓尾巴，使皮与肌肉松动，然后用左手手指紧卡住尾基部皮缘，用右手手指紧拉尾椎，即可抽出尾椎骨。继续向前将躯干部分的皮翻转到前肢，在肘关节处剪断，剔除前肢上的肌肉。再剥离至头部，用剪刀小心地将耳朵基部与头骨相接处剪开。继续向前剥离到眼部，用手术刀紧贴眼眶边缘切割，注意不要将眼睑割破。进一步向前剥离上下唇，并在鼻尖软骨处切断。头部的皮剥下后，清理残留在皮上的肌肉和脂肪。

3. 防腐处理

各种防腐剂的配制方法见鸟类假剥制标本。将防腐剂涂擦在皮筒内侧，头、四肢部位要涂擦均匀。

4. 装填

首先在保留的四肢上填充一些棉花，代替剔除的肌肉。取一根与体长相等的竹签并且在其上面卷上棉花，粗细与剥下的躯体相仿，制成棉花假体。将棉花假体前端对准皮筒的头部前端，翻转皮筒，使之复原。另取一根粗细与尾椎骨相似，但比尾巴长3cm左右的竹签，涂上防腐剂，轻轻插入尾内，竹签多余部分放置在假体的腹面。

5. 缝合及整形

填充好以后进行缝合。由前向后，每针都应是由皮内向外方穿出，将皮的切口完全缝合起来。顺着毛的方向整理耳部、眼睑及体毛，前足前伸，位于躯干下面，后足向后拉直，位于尾的两侧。尾部要下压，低于臀部，臀部高耸。在标本干燥前，用线将标本固定在硬纸板上，将标签系在左后肢上。最后，将头骨置于沸水中，至肌肉可从骨上剥下时即可取出。剔除肌肉、吸出脑髓，将晾干后的头骨系在标本的右后肢上。

【其他种类标本】

（一）干制标本

干制标本一般是指含水较少的小型动物或动物外壳，如昆虫、贝壳和甲壳类等，稍作加工，待干燥后即可制成完整的或部分的标本。

1. 动物脏器干制塑封标本制作工艺流程

原材料准备→血管铸型→防腐固定（5%福尔马林溶液或75%乙醇溶液）→脱水与风干→塑封保存。

2. 贝类干制标本的制作

贝类干制标本是指去除贝类内脏后以贝壳的形式保存标本。对于直接采集的贝壳，清洗干净晾干后，可以直接分类放入标本瓶中。对于活的贝类，可以通过水煮法取出贝肉和内脏，清洗干净晾干后分类保存在标本瓶中。有厣的贝类，应将厣取下和贝壳一起保存。

海星、海胆类动物也可制成干制标本，先把动物整形，然后放入10%福尔马林溶液中浸泡6～12h，晒干即可。个体较大的甲壳类也可制成干制标本，方法是将10%福尔马林溶液注入动物体内，然后放入10%福尔马林溶液中浸泡6～10h，最后晾晒干燥即可。

3.昆虫干制标本的制作

昆虫干制标本的制作方法见本书实验十七。

（二）塑化标本

塑化标本是指新鲜动物尸体或经福尔马林浸泡的组织器官标本内的水和部分脂肪，经真空处理后被活性塑料、硅橡胶、聚合树脂等置换出来，使动物组织器官和整体形态仍保持其生前状态。由于标本内没有水分，故可长期保存。塑化过程主要分四步进行。

1）固定：用 5%～10% 的福尔马林溶液固定，注意此过程要防止失水干化。

2）脱水：常用丙酮进行脱水。

3）强制渗胶：在真空环境下，用活性塑料、橡胶等物质强制将组织器官中的丙酮置换出来。

4）硬化：也称为固化，用木棒、铁丝等工具将标本固定成型，然后在标本上多次喷涂固化剂进行固化，最后定型和整形。据研究发现，水溶性塑料聚乙二醇（PEG）具有良好的生物相容性，而且反应简单，价格低廉，对组织具有较好的脱水和固定作用，可用于动物塑化标本的制作和保存。

（三）透明标本

透明标本是在动物器官的管、腔、窦中灌注填充剂，再经过理化方法处理使组织折光率和透明剂相接近而呈现透明，从而在保持器官外形完整的情况下清晰、直观地显示器官内部形态结构及血液供应的特点。实际操作过程中，常将铸型和透明标本制作过程相结合而制成铸型透明标本。制作方法如下：取材（一定要新鲜器官，并尽量保持器官的结构完整性）→冲洗和排血→灌注填充液→固定→漂白（5% 过氧化氢溶液）→脱水（梯度浓度的乙醇溶液）→透明（二甲苯或丙三醇）→封口保存（保存液一般与透明剂是一致的）。

（四）玻片标本

玻片标本可用于封装微型动物整体或者某些动物的器官组织细胞等。根据操作方法不同，玻片标本分为涂片标本、装片标本和切片标本等。

1）涂片标本常用于细胞、细菌、寄生虫等的临时观察。

2）装片标本分为临时装片、半永久装片和永久装片：临时装片中一般要加入相应的生理盐水以保持细胞形态，还可用碘液、亚甲蓝等进行染色；半永久装片则是经固定、染色后用甘油进行封片；永久装片则是将染色后的标本经脱水、透明后用树胶进行封片。

3）切片标本可分为徒手切片、石蜡切片及冰冻切片标本：徒手切片的效果不好控制，现在应用较少；石蜡切片一般要经过取材→组织固定 →冲洗→脱水→透明→浸蜡→包埋→切片→贴片→脱蜡→染色→脱水→透明→封片等过程，其适合长期保存，组织细胞形态结构保持较好，缺点是制作过程复杂，制作周期长，组织块易碎等；冰冻切片则是在低温条件下使组织快速冷却到所需硬度后进行切片的方法，较石蜡切片操作简单、快速，其固定和染色效果好，在免疫荧光中可避免石蜡自发荧光的干扰，多用于手术中快速诊断病理，但其保存时间较石蜡切片标本短，不易制作较薄的切片。

（五）铸型标本

动物铸型标本是指为了研究动物体的管腔、脏器和血管系统，向管腔内注入可塑性的材料，待固化成型后利用腐蚀法去除多余的组织器官，仅留下填充物所制成的显示管腔的标本。其形态逼真直观，能够充分显示出动物体中空管腔的真实形态（如心血管、消化系统、呼吸系统及泌尿系统的管腔和鸟类气囊腔隙等），可用不同颜色区分不同的器官，能长期保存，是研究动物管腔形态结构的重要方法。

填充剂是制作铸型标本最重要的材料之一，可分为热塑性和冷塑性两大类。热塑性填充剂是指加热后熔化，冷却后又固化成型的填充物质，如石蜡、松香等，该类材料有的强度较差，有的熔点较高，不易操作，因此现在使用较少。冷塑性填充剂在灌注时，对温度没有具体要求，操作简单，制成的标本强度高，韧性好，形态色泽美观。冷塑性填充剂按性质分为溶剂挥发固化型填充剂和化学固化型填充剂，前者如赛璐珞（制作乒乓球的原料）、丙烯腈-丁二烯-苯乙烯塑料（ABS 塑料）和过氯乙烯等，后者是指天然橡胶乳、聚甲基丙烯酸甲酯、环氧树脂和自凝牙托材料等。器官形态、大小不同，制作铸型标本时选用的填充剂也有差异，这样可以节约开支，避免浪费，制作更加满意的铸型标本。目前，常用的灌注液成分中含有赛璐珞、乙醇、丙酮和乙醚等物质。也有研究发现在固定液中加入甲醛溶液能加强固定液的渗透作用，可以延长标本的保存时间。